第二階段

口語應用問題教材

盧台華◆著

■ 作者簡介 ■

盧台華

現職：國立台灣師範大學特殊教育系教授

學歷：國立政治大學教育系文學學士

美國奧勒岡大學特殊教育系教育碩士

美國奧勒岡大學特殊教育系哲學博士

經歷：台北市立明倫國中特殊教育教師、兼任組長

國立台灣師範大學特殊教育中心助理研究員、兼任組長

國立台灣師範大學特殊教育系副教授

專長：特殊教育課程與教學

智能障礙教育

學習障礙教育

資賦優異教育

近五年間主要專書著作：

Chen, Y. H., & Lu, T. H.(1994). Special education in Taiwan, ROC. In M. Winzer, & K. Mazurek,(Eds.). *Comparative studies in special education*. p.238-259. Washington, D.C.: Galludet University.

盧台華等譯（1994）**管教孩子的16高招——行動改變技術實用手冊**（第一冊、第二冊、第三冊），台北：心理出版社。

盧台華（1995）資優教育教學模式之選擇與應用，載於**開創資優教育的新世紀**，中華民國特殊教育學會，105-121 頁。

盧台華（1995）教學篇。載於**國小啓智教育教師工作手冊**。國立台北師範學院特殊教育中心。

盧台華（1995）**修訂基礎編序教材相關因素探討及對身心障礙者應用成效之比較研究**。台北：心理出版社。

盧台華（1998）身心障礙學生課程教材之研究與應用。載於**身心障礙教育研討會會議實錄**。國立台灣師範大學特殊教育系。

盧台華（1998）特定族群資優學生之鑑定，載於**慶祝資優教育成立二十五週年研討會論文專輯**。中華民國特殊教育學會。

盧台華（2000）身心障礙資優生身心特質之探討。載於**資優教育的全方位發展**。台北：心理出版社。

盧台華（2000）國小統整教育教學模式學習環境之建立與應用。載於**資優教育的全方位發展**。台北：心理出版社。

■自　序■

數學可分為純數學與真實生活的數學兩部分。以應用問題「10 英吋的木塊可以切割成幾塊 2 英吋大小的木塊？」為例，純數學的答案是 5 塊，但在真實生活中卻只能切割成 4 塊，剩下的一塊會因切割過程木屑的損失而不到 2 英吋。前者多半出現在一般發展性的課程中，後者則為功能性課程，或稱實用數學。對數學學習困難的學生而言，未來能從事以純數學為基礎發展的生涯可能相當有限，因此能有效解決日常生活問題的功能性或真實生活的數學對其可能更形重要。且在即將全面實施之「九年一貫課程」的精神與內涵上，亦強調將各科課程統整應用於實際生活中。本套教材即為採功能性與真實生活數學的課程，以教導日常生活中的數學概念與應用問題為主，頗為符合一般兒童與特殊兒童的需要。

本教材的前身為師大特殊教育中心在民國七十七年參考八○年代美國風行的「Project Math」編訂出版之「基礎數學編序教材」。後因教材已無存量然需求甚殷，筆者在民國八十三年起又作了更大幅度的修正，以符合國內的生態，並增加了「口語應用問題教材」。在「數學基礎概念編序教材」部分係採用「多元選擇課程」方式，不但提供了十六種不同的教師與學生互動之教學型態，更融合了數學概念、運算技巧和社會成長的數學教學目標為一體，可適用於幼稚園至國小六年級的學生及心齡四歲至十二歲的智障、學障、情障或其他類別障礙與普通之學生。整套概念教材包括教師手冊、評量表、教材、作業單四部分並分成四個階段，以採用非紙筆測驗的方式評量學生對概念與技巧的了解及應用程度，更將評量與教學內容緊密的結合在一起，頗符合「形成性評量」與「課程本位評量」的教學原則。「口語應用問題教材」部分則搭配概念教材的難易結構分為四個階段，以日常生活間數學常出現之方式提供各類問題，並融入語文、生活教育、社會適應、休閒教育與職業生活等領域相關的內涵，除著重解題歷程與學習策略的教導外，對統整課程與實際應用數學的技巧有相當之助益。

本教材之修訂歷經了七年，除有鄭雪珠、史習樂、楊美玉、單無雙、韓梅玉、洪美連與張美都等資深優良的特教教師與認真負責的研究助理周怡雯的熱忱參與初期修訂外，之後又有許多本人教導過的大學部與碩士班學生繼續參與修訂的工作。最近一年間本人並將所有內容重新再整理，將其中與現況不合、文筆不一與部分錯誤再加以增刪與修訂。此外，「概念教材」部分曾經本人實驗應用於智障、學障、聽障等十九所國中小特殊需求學生一年，而「口語應用問題教材」亦經本人指導洪美連老師實際應用於聽障國小生部分半年，成效均相當良好，使本人更有信心將此套教材出版。

在教材即將出版之際，除特別感謝曾經參與編輯、實驗等人員與邱上貞教授對初稿審查付諸之心力外，並謹向教育部與國科會資助使本教材能更臻完善致謝，同時要向一直殷切等待教材出版的特殊教育教師與伙伴們致上最深之歉意，但願本套教材能成為各位最佳之教學參考。

盧台華 謹識

民國九十年八月

■目　錄■

使用說明　001

教材單元　013

使用説明

壹、口語應用問題教材簡介

「口語應用問題教材」是為統整「基礎數學概念編序教材」課程中各階段的概念而設計的。教材內容依編序方式安排設計，強調採生動活潑化的教材教法與具體化經驗的方式，以提供學生將數學概念之學習應用於解決問題的活動中，俾克服兒童對數學概念、計算與應用的學習困難。

本套教材適用於學前至小學六年級的各類特殊需求學生，亦可做為一般學生數學應用問題教學的補充教材。教材內容共分成四個階段，各階段適用之年齡與年級如表一所列。第一階段與第二階段的重點在於利用生動活潑而富吸引力的故事圖片，呈現有關的數學應用問題，透過實際操作與理解數學問題之活動，俾利解決各種應用問題，並訓練兒童對回答有關量的問題所需要的重要常識或訊息加以注意，培養兒童的閱讀能力，以為日後學習之基礎。第三階段與第四階段則教導如何解答書寫性與文字性的數學應用問題，並提供各種不同語彙程度且與生活經驗和社交技巧有關的文字應用問題練習與選擇的機會，以協助兒童解決數學的問題。

表一　口語數學應用問題各階段適用的年齡一覽表

階段別	相當心理年齡	相當年級
一	4～6 歲	學前～1
二	6～8 歲	1～2
三	8～10 歲	3～4
四	10～12 歲	5～6

口語應用數學問題的解決不只是問題解決的一種類型，更是特殊需

求兒童數學解題教育中不可或缺的一環，因此教師在教學時可針對本教材內容架構加以擴充，依據學生的個別狀況與學習經驗彈性調整教學活動，透過各種不同的教材及活動實施，俾使學生能藉由多元化的教學方式學習正確解決數學問題的方法，進一步將所學的概念有效應用於真實生活中，以達到問題解決、推理和溝通的功能。

貳、教材內容

第一階段的口語應用問題教材主要是教導學生如何去選擇適當的方法解決問題，第二階段的教材活動亦延續此目標，以教導學生如何解決數學問題；本階段活動單元共計有二十三個。為連結學生的新舊學習經驗，第二階段的前四個單元為該階段之引導學習活動，俾喚起學生的舊經驗，並複習以前的學習成果，因此該四個單元可視為第一階段和第二階段之銜接單元，對於未學習第一階段或沒有學習經驗背景之學生可做為準備活動教材之用。以下說明本階段之教材內容：

㈠活動教具

透過實際操作活動教具，不僅可以幫助學生理解數量的問題，亦可協助學生發展解決數學應用問題的能力。本階段的活動教具，包括故事板、卡片組、錢幣、價目表與畫卡，教師可根據題目所需自製教具。以下分別說明之：

1.故事板

故事板是由十二張圖畫所組成，圖畫中皆各有一位不同特質的主要人物，包括技工、木匠、雜貨商、送貨員與男、女老師。

2.卡片組

每一張故事板除了主要人物外，尚有數個空格可以放置卡片用，而各單元的數學問題是由數個小卡片與主要人物之關係所組成的一個故事情節，學生藉由實際操作這些卡片，可以容易地解決有關的數量問題。第二階段所包括的故事板與卡片組內容詳見表一。

表一　第二階段故事板與卡片組活動教具一覽表

故事板	故事板內容	卡片類別	卡片內容	卡片數量	單元編號
技工	老技工	工具	大螺絲起子、大鋤頭	每種 10 張	1~4.7.13.
	年輕技工		小螺絲起子、小鋤頭	每種 10 張	19
木匠	老木匠				
	年輕木匠				
雜貨商	胖雜貨商	水果	黃蘋果、黃香蕉	每種 10 張	6.12.18
	瘦雜貨商		綠蘋果、綠香蕉	每種 10 張	
送貨員	胖送貨員				
	瘦送貨員				
老師	高的男老師	書籍	紅色厚書、紅色薄書	每種 10 張	8.14.20
	矮的男老師		藍色厚書、藍色薄書	每種 10 張	
	高的女老師				
	矮的女老師				
	12 張			120 張	

3.其他教具

第二階段的活動教具除了有與第一階段類似的故事板與卡片組之外，

更增加了有關錢幣操作、交易買賣與認識價目表以及其他更多類別的人物畫卡，以逐漸加深加廣本教材之內容，幫助學生認識更多層面的數學問題，並學習更多的問題解決，俾便日後能應用於真實生活情境中。以下分別說明各教具的類別及其所屬單元。

⑴**錢幣與價目表**

第 9、15、21 三個單元皆使用各種面額的錢幣，以及自助餐廳與超級市場中各種貨物與食品價目表，如表二、表三所列。

表二　第二階段錢幣教具一覽表

硬幣		紙幣	
幣值	數量	幣值	數量
1 元	100 個	50 元	10 張
5 元	20 個	100 元	5 張
10 元	10 個	500 元	1 張
50 元	2 個		

表三　第二階段金錢消費價目表

馬鈴薯片	10 元	奶油花生加果醬三明治	25 元
牛奶	10 元	沙拉蛋三明治	20 元
汽水	15 元	起司三明治	15 元
蘋果	10 元	義大利香腸三明治	35 元
冰淇淋	15 元	鮪魚三明治	30 元

⑵**畫卡**

單元 5、10、11、16、17、22、23 使用人物畫卡配合各類小卡片之組合，提供各種不同類型的問題解決之學習，有關畫卡與小卡片之組合如表四所列。

表四　第二階段畫卡教具一覽表

畫卡	畫卡數量	小卡片內容	單元編號
珠寶商	4張	項鍊、手環	5
肉販	4張	牛排、雞	10
寵物店老闆	4張	青蛙、兔子	11
推銷員	4張	家電用品	16
農夫	4張	羊、牛、小黃瓜	17
電梯	4張	男孩、女孩、盒子	22
烘培師傅	4張	餅乾、派、泡芙、蛋糕	23

㈡活動單元特色

1.教材

每一個單元問題所出現的材料均完整地呈現。在每個單元開始時，單元材料即清楚而完整地說明此單元所需準備的故事板與卡片組合。透過故事板與簡單圖卡在視覺上的輔助，可以提供許多不同的問題變化。例如問題的人物可以是老技工、年輕技工、老木匠、年輕木匠、技工們、木匠們、老技工們、老木匠們或所有的人；相同的，問題的對象也可以是大螺絲起子、小螺絲起子、大鋤頭、小鋤頭、所有的螺絲起子、所有的鋤頭、大的工具、小的工具或所有的工具等變化。應用上述九個主詞與九個受詞排列組合便可產生八十一種不同的問題類型，而學生則必須依據問題與故事板產生連結，並運用正確的訊息處理過程才能順利地解決問題。

2.活動指導

教師在教學時如有明確的教學指示，將使教學更為順利。此部分可提供單元活動教學方向之指引，以利教師在展示視覺刺激材料時知道如何與學生進行對話。透過教師告訴學生「這是一個很有趣的活動，……」等，以引起學生的學習興趣與動機。

3.補充活動

當學生對該單元已完全吸收時，即需外加一些加深加廣之學習補充活動，以擴展其數學概念，建立完整的學習內容。就技工與木匠故事板而言，可採下列四種補充活動：

⑴討論技工與木匠角色的不同及其特色，讓學生由圖片中討論人物的特徵，如高、矮、胖、瘦。

⑵收集一些工具或是由學生從家中帶一些工具到學校來，將這些工具放入一個大袋子中，讓學生在看不到內容物的狀況下，以手取出課堂中所要教的工具，並問學生工具的名稱及如何使用。

⑶讓學生每人畫一個工具並著上喜歡的顏色，而後將學生的作品分類，如大的工具、紅的工具。

⑷教師說出一個工具名稱（如鎯頭），要求學生想出另一個與鎯頭有關或可與鎯頭一起使用的工具。

㈢教學策略

準備第二階段口語應用問題教材的教學步驟與第一階段是相同的，包括閱讀教學單元活動設計→選擇適當的故事板和圖卡→蒐集說明或補充教材可能用到的教具→安排圖卡做有效教學之用→了解學生的學習能力與行為→安排教室環境，以提供理想的學習情境等六個步驟。

除此之外，第二階段教學的重點在於選擇正確的訊息處理策略。教師在教學中應加以注意此類目標行為，包括：

1.分類、不分類

下列例題一中的「另一位技工」並未另外加以命名，因此，就這個問題而言，只有「技工」這個名稱。但是例題二的技工與木匠卻清楚地加以界定出來，而且是在不同狀況下陳述，因此必須根據不同的問題而予以分類或組合：

【例題一】 「有一位技工有 4 支大螺絲起子，另一位技工有 4 支大螺絲起子。這些技工共有多少支螺絲起子呢？」

【例題二】 「一位年輕技工有 2 支大螺絲起子，一位年輕木匠有 2 支大鋤頭。這些工人共有多少件工具呢？」

2. 多餘的訊息

此訊息處理策略主要為分散注意力之用，藉由陳述一些與問題無關或多餘的訊息來分散學生的注意力。例如在例題三中技工只是分散注意力之用，是屬於與解題無關之訊息，學生必須將與問題無關的訊息（技工）加以排除。

【例題三】 「一位木匠有 3 支小鋤頭，一位技工有 2 支小鋤頭，另一位木匠有 3 支小鋤頭。請問木匠們共有多少支鋤頭呢？」

而就圖一來說，如「老技工有多少支小螺絲起子？」這個問題中，學生則必須排除老技工所有的大螺絲起子、所有的鋤頭，只計算小螺絲起子的數量，所以學生必須排除與問題不相關的物件，只計算與問題有關的物件數量。

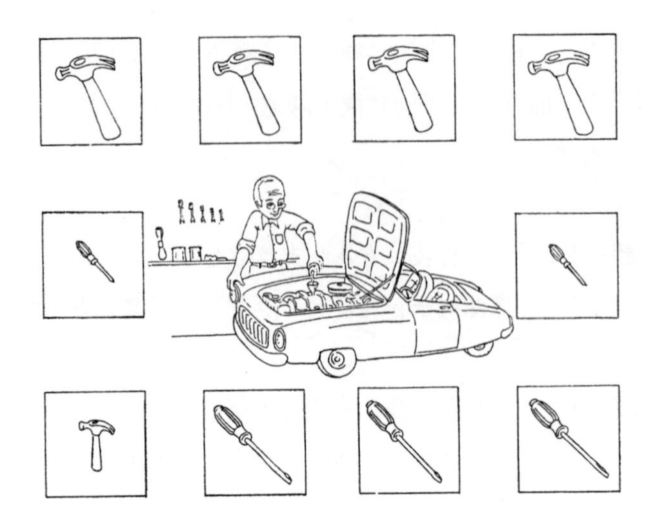

圖一　故事板與卡片之組合範例

3.不說數量

此類問題僅在伴隨圖片出現時才運用，其特色在於不說出物卡上的數量，而以「一些」、「少量」、「很多」等語詞敘述。為了完成這種問題，學生必須看出每一張故事板中相關的人物所擁有的工具數量，然後才能正確地回答問題，如以下例題：

【例題四】「一位技工有這一些鎯頭，另一位技工有這一些鎯頭，還有另一位技工有這一些螺絲起子。請問這些技工共有多少件工具呢？」

4.問題的組合與切割

問題的連結或切割組合之運用是另一類策略，如在問題中採「和」、「或」、「但是」、「不」等的敘述，學生必須運用基本的邏輯策略加以整理數量之間的關係，才能順利解決問題，如以下二個例題：

【例題五】「年輕的技工們有多少支鎯頭或是小工具呢？」

【例題六】「技工們的工具中有多少不是大的鎯頭呢？」

如果學生對解此類題目有困難時，教師可將題目切割分為幾個小題目，先引導學生思考，再逐步組合問題，俾使學生較易於解答，例如上列之例題五可分為：

⑴有多少工具是鎯頭？

⑵有多少工具是小的？

⑶把鎯頭數和小工具數相加，再減去重複數的小鎯頭，即為答案。

㈣教材的應用

1.個別化教學原則

⑴每一單元的說明只是一個建議參考的模式，教師可依實際情況彈性變化。故事板活動可呈現多種形態的選擇，雖然通常是以口頭回答的方式進行，但教師在運用時則需依學生個別能力的差異，選擇適合學生程度的方式來進行教學。

⑵有些學生不只是在連結或比較大問題中的每一小問題上有困難，可能對於每一問題的數字記憶也有困難，此時，教師可讓學生將數字書寫於紙上以防忘記，而不必拘泥於口頭之進行方式。

⑶如果學生不具備訊息處理策略的能力，教師即需以其發展的能力來進行適性的教學，例如可以學習圖卡的方位、辨認、數數或複誦；對尚未具學習基礎的學生，則可發展其積極參與活動的態度及對教室學習氣氛的親近感，以逐步引導進入教學情境中。

2.持續性教學原則

實施口語應用問題教學時，教師如能對學生不斷地問各種不同的問題，即可幫助學生訓練思考的能力，為日後更複雜的數學問題解決能力奠定良好之基礎。剛開始教學時，教師在教材與教法上可能會遭遇某些困難，但是經過一段時間練習後應該可以較得心應手；而當學生更熟練教學方式時，教師也可依學生的狀況再予以補充變化其他的問題，所以教師教學時應注意持續性與變化性。

3.彈性化教學原則

口語應用問題教材為認知和語言能力的結合，因此透過這些視覺上的活動可以輔助兒童語言和閱讀的學習，也可增進他們解決口語應用問題的能力，諸如在許多活動上均提供故事板、卡片組、金錢消費活動等視覺協助，以幫助學生語言或閱讀的學習。例如：

⑴學生可就所看到的物體，寫出名稱或說出、寫出圖片中的故事。

⑵教師可將圖片中的連結關係加以變化，以此引導學生組合句子。

⑶鼓勵學生以其生活經驗，造一些簡單的句子或故事。

⑷簡單的猜謎或類推遊戲也可運用，俾盡可能地運用各種不同的教學方式，以提高學習興趣及效果。

教材單元

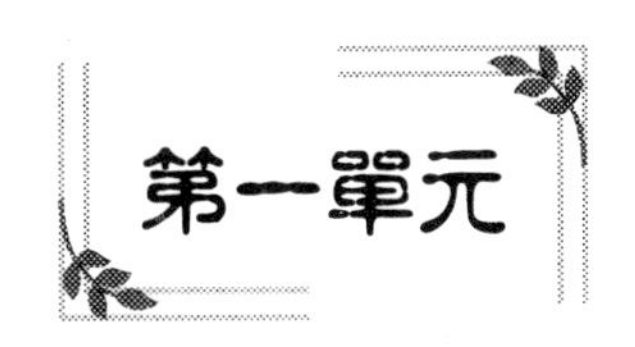

◑ 教材：

*1.*一張技工的故事板

*2.*各種工具的卡片組（大螺絲起子、小螺絲起子、大鎯頭、小鎯頭）

※ 今天，我們要去拜訪一位技師丁先生（出示卡片），他有許多工具（出示卡片）在他的車庫中，讓我們一起去他的車庫瞧一瞧。

〔一〕

1. 丁先生想要在他的車旁擺上 7 **支大鎯頭**，讓我們來幫他擺上去。
   數數看，車旁共有多少支**大鎯頭**呢？**【7】**
2. 丁先生想要在他的車旁擺上 5 **支小鎯頭**，讓我們來幫他擺上去。
   數數看，車旁共有多少支**小鎯頭**呢？**【5】**
3. 丁先生想要在他的車旁擺上 9 **支大螺絲起子**，讓我們來幫他擺上去。
   數數看，車旁共有多少支**大螺絲起子**呢？**【9】**
4. 丁先生想要在他的車旁擺上 6 **支小螺絲起子**，讓我們來幫他擺上去。
   數數看，車旁共有多少支**小螺絲起子**呢？**【6】**

〔二〕

1. 丁先生想要在車旁擺上一些（8 **支**）**大鎯頭**；丁先生需要多少支**大鎯**

頭呢？【8】

2. 丁先生想要在車旁擺上一些（6 **支**）**小鎯頭**；丁先生需要多少支**小鎯頭**呢？【6】
3. 丁先生想要在車旁擺上一些（7 **支**）**大螺絲起子**；丁先生需要多少支**大螺絲起子**呢？【7】
4. 丁先生想要在車旁擺上一些（9 **支**）**小螺絲起子**；丁先生需要多少支**小螺絲起子**呢？【9】

〔三〕

1. 丁先生想用一些（3 **支**）**大鎯頭**，但他又覺得不夠，所以他再加上 4 **支大鎯頭**。他現在共有多少支**大鎯頭**呢？【7】
2. 丁先生想用一些（4 **支**）**小鎯頭**，但他又覺得不夠，所以他再加上 2 **支小鎯頭**。他現在共有多少支**小鎯頭**呢？【6】
3. 丁先生想用一些（2 **支**）**大螺絲起子**，但他又覺得不夠，所以他再加上 6 **支大螺絲起子**。他現在共有多少支**大螺絲起子**呢？【8】
4. 丁先生想用一些（6 **支**）**小螺絲起子**，但他又覺得不夠，所以他再加上 1 **支小螺絲起子**。他現在共有多少支**小螺絲起子**呢？【7】

〔四〕

1. 我要幫丁先生放些**工具**在車旁：一些（2 **支**）**大鎯頭**和一些（4 **支**）**小鎯頭**。
   ⑴ 數數看，在車旁共有多少支**大螺絲起子**呢？【0】
   ⑵ 再數數看，他共有多少支**螺絲起子**呢？【0】
2. 我要幫丁先生放些**工具**在車旁：一些（4 **支**）**小鎯頭**和一些（3 **支**）**大螺絲起子**。
   ⑴ 數數看，在車旁共有多少支**小螺絲起子**呢？【0】

⑵ 再數數看，他共有多少支**螺絲起子**呢？【3】

3. 我要幫丁先生放些**工具**在車旁：一些（6 支）**大螺絲起子**和一些（2 支）**小螺絲起子**。

⑴ 數數看，在車旁共有多少支**大鎯頭**呢？【0】

⑵ 再數數看，他共有多少支**螺絲起子**呢？【8】

4. 我要幫丁先生放些**工具**在車旁：一些（8 支）**小螺絲起子**和一些（1 支）**大鎯頭**。

⑴ 數數看，在車旁共有多少支**小鎯頭**呢？【0】

⑵ 再數數看，他共有多少支**螺絲起子**呢？【8】

〔五〕

1. 有一天，丁先生要在他的車庫裡放 5 **支大鎯頭**來賣。

⑴ 結果他賣出了其中的 2 支。請拿出這些東西。

⑵ 算算看，丁先生還剩下幾支**大鎯頭**呢？【3】

2. 有一天，丁先生要在他的車庫裡放 7 **支小鎯頭**來賣。

⑴ 結果他賣出了其中的 3 支。請拿出這些東西。

⑵ 算算看，丁先生還剩下幾支**小鎯頭**呢？【4】

3. 有一天，丁先生要在他的車庫裡放 9 **支大螺絲起子**來賣。

⑴ 結果他賣出了其中的 3 支。請拿出這些東西。

⑵ 算算看，丁先生還剩下幾支**大螺絲起子**呢？【6】

4. 有一天，丁先生要在他的車庫裡放 6 **支小螺絲起子**來賣。

⑴ 結果他賣出了其中的 1 支。請拿出這些東西。

⑵ 算算看，丁先生還剩下幾支**小螺絲起子**呢？【5】

〔六〕

1. 如果我把 2 **支大鋤頭**放在車旁，
   ⑴ 也請你將同樣數目的**大螺絲起子**放在車旁。
   ⑵ 算算看，丁先生的車旁共有多少件**工具**呢？【4】
2. 如果我把 3 **支小鋤頭**放在車旁，
   ⑴ 也請你將同樣數目的**小螺絲起子**放在車旁。
   ⑵ 算算看，丁先生的車旁共有多少件**工具**呢？【6】
3. 如果我把 4 **支大螺絲起子**放在車旁，
   ⑴ 也請你將同樣數目的**大鋤頭**放在車旁。
   ⑵ 算算看，丁先生的車旁共有多少件**工具**呢？【8】
4. 如果我把 3 **支小螺絲起子**放在車旁，
   ⑴ 也請你將同樣數目的**小鋤頭**放在車旁。
   ⑵ 算算看，丁先生的車旁共有多少件**工具**呢？【6】

〔七〕

1. 讓我們將每一種**工具**放幾支在車旁，這樣，丁先生才可以從中選用。
   我們將 2 **支大鋤頭**、2 **支小鋤頭**、2 **支大螺絲起子**和 2 **支小螺絲起子**放在車旁。
   數數看，在車旁共放了多少支**鋤頭**呢？【4】
2. 讓我們將每一種**工具**放幾支在車旁，這樣，丁先生才可以從中選用。
   我們將 3 **支大鋤頭**、3 **支小鋤頭**、1 **支大螺絲起子**和 1 **支小螺絲起子**放在車旁。
   數數看，在車旁共放了多少件**工具**呢？【8】
3. 讓我們將每一種**工具**放幾支在車旁，這樣，丁先生才可以從中選用。
   我們將 1 **支大鋤頭**、1 **支小鋤頭**、4 **支大螺絲起子**和 3 **支小螺絲起子**

放在車旁。

數數看，在車旁共放了多少件**工具**呢？【9】

4. 讓我們將每一種**工具**放幾支在車旁，這樣，丁先生才可以從中選用。

   我們將 4 **支大鎯頭**、1 **支小鎯頭**、2 **支大螺絲起子**和 2 **支小螺絲起子**放在車旁。

   數數看，在車旁共放了多少件工具呢？【9】

〔八〕

1. 這次，丁先生想要在每個可利用的空間放上**工具**，分別是 3 **支大鎯頭**、4 **支小鎯頭**和 3 **支大螺絲起子**。

   ⑴ 數數看，店中共有多少件**大工具**呢？【6】

   ⑵ 假如他賣掉 1 **支大鎯頭**，那他還剩下幾件**大工具**呢？【5】

2. 這次，丁先生想要在每個可利用的空間放上**工具**，分別是 4 **支小鎯頭**、3 **支大螺絲起子**和 3 **支小螺絲起子**。

   ⑴ 數數看，店中共有多少件**小工具**呢？【7】

   ⑵ 假如他賣掉 1 **支小鎯頭**，那他還剩下幾件**小工具**呢？【6】

3. 這次，丁先生想要在每個可利用的空間放上**工具**，分別是 5 **支大螺絲起子**、2 **支小螺絲起子**和 3 **支大鎯頭**。

   ⑴ 數數看，店中共有多少支**螺絲起子**呢？【7】

   ⑵ 假如他賣掉 1 **支大螺絲起子**，那他還剩下幾支**螺絲起子**呢？【6】

4. 這次，丁先生想要在每個可利用的空間放上**工具**，分別是 6 **支小螺絲起子**、2 **支大鎯頭**和 2 **支小鎯頭**。

   ⑴ 數數看，店中共有多少件**小工具**呢？【8】

   ⑵ 假如他賣掉 1 **支小螺絲起子**，那他還剩下幾支**螺絲起子**呢？【5】

◑ 教材：

*1.*二張技工的故事板（老技工、年輕技工）

*2.*各種工具的卡片組（小鎯頭、大鎯頭、小螺絲起子、大螺絲起子）

☼ 老技工老丁先生在他的五金店中賣許多工具（出示故事板），他相當的忙碌。他的兒子小丁先生決定在城的另一邊開設另一家店（出示另一張故事板）。讓我們來瞧瞧二家店中，到底有哪些東西（出示卡片組）在出售呢？

〔一〕

1. 老丁先生放置了一些（**6支**）**大鎯頭**在他的五金店中（學生的左側），而他的兒子也決定賣同樣數目的**小鎯頭**。
   請放置正確數目的**小鎯頭**在小丁先生的店中（學生的右側）。
2. 老丁先生放置了一些（**8支**）**小鎯頭**在他的五金店中（學生的左側），而他的兒子也決定賣同樣數目的**大螺絲起子**。
   請放置正確數目的**大螺絲起子**在小丁先生的店中（學生的右側）。
3. 老丁先生放置了一些（**7支**）**大螺絲起子**在他的五金店中（學生的左側），而他的兒子也決定賣同樣數目的**小螺絲起子**。
   請放置正確數目的**小螺絲起子**在小丁先生的店中（學生的右側）。
4. 老丁先生放置了一些（**5支**）**小螺絲起子**在他的五金店中（學生的左

側），而他的兒子也決定賣同樣數目的**大鎯頭**。

請放置正確數目的**大鎯頭**在小丁先生的店中（學生的右側）。

〔二〕

1. 在老丁先生的店中，有一些（6 **支**）**大鎯頭**，但他兒子的店中卻沒有**大鎯頭**可賣，所以他就向他的爸爸借來 3 **支大鎯頭**。
   ⑴ 請從老丁先生的店中拿出這些數目的**工具**，放到小丁先生的店中。
   ⑵ 請問老丁先生和小丁先生的店中，共有多少支**大鎯頭**呢？【6】
2. 在老丁先生的店中，有一些（7 **支**）**小鎯頭**，但他兒子的店中卻沒有**小鎯頭**可賣，所以他就向他的爸爸借來 5 **支小鎯頭**。
   ⑴ 請從老丁先生的店中拿出這些數目的**工具**，放到小丁先生的店中。
   ⑵ 請問老丁先生和小丁先生的店中，共有多少支**小鎯頭**呢？【7】
3. 在老丁先生的店中，有一些（8 **支**）**大螺絲起子**，但他兒子的店中卻沒有**大螺絲起子**可賣，所以他就向他的爸爸借來 2 **支大螺絲起子**。
   ⑴ 請從老丁先生的店中拿出這些數目的**工具**，放到小丁先生的店中。
   ⑵ 請問老丁先生和小丁先生的店中，共有多少支**大螺絲起子**呢？【8】
4. 在老丁先生的店中，有一些（9 **支**）**小螺絲起子**，但他兒子的店中卻沒有**小螺絲起子**可賣，所以他就向他的爸爸借來 6 **支小螺絲起子**。
   ⑴ 請從老丁先生的店中拿出這些數目的**工具**，放到小丁先生的店中。
   ⑵ 請問老丁先生和小丁先生的店中，共有多少支**小螺絲起子**呢？【9】

〔三〕

1. ⑴ 老丁先生的店中有 4 **支大鎯頭**，請將它們排列出來。
   ⑵ 有個客人想買 8 **支大鎯頭**，所以老丁先生就打電話向小丁先生求

助，而小丁先生的店中，剛好有一些（5 支）**大鎯頭**。請問老丁先生必須向小丁先生借來多少支**大鎯頭**呢？【4】

2. ⑴ 老丁先生的店中有 5 **支小鎯頭**，請將它們排列出來。

   ⑵ 有個客人想買 8 **支小鎯頭**，所以老丁先生就打電話向小丁先生求助，而小丁先生的店中，剛好有一些（4 支）**小鎯頭**。請問老丁先生必須向小丁先生借來多少支**大鎯頭**呢？【3】

3. ⑴ 老丁先生的店中有 3 **支大螺絲起子**，請將它們排列出來。

   ⑵ 有個客人想買 8 **支大螺絲起子**，所以老丁先生就打電話向小丁先生求助，而小丁先生的店中，剛好有一些（6 支）**大螺絲起子**。請問老丁先生必須向小丁先生借來多少支**大螺絲起子**呢？【5】

4. ⑴ 老丁先生的店中有 6 **支小螺絲起子**，請將它們排列出來。

   ⑵ 有個客人想買 8 **支小螺絲起子**，所以老丁先生就打電話向小丁先生求助，而小丁先生的店中，剛好有一些（3 支）**小螺絲起子**。請問老丁先生必須向小丁先生借來多少支**小螺絲起子**呢？【2】

〔四〕

1. 老丁先生訂購了一些（5 支）**大鎯頭**，小丁先生也訂了相同數目的**大鎯頭**，但他的訂單被弄錯了，他收到的是相同數目的**小鎯頭**。

   ⑴ 請將相同數目的**小鎯頭**放在小丁先生的店裡。

   ⑵ 請問老丁及小丁先生的店中，共有多少件**工具**呢？【10】

2. 老丁先生訂購了一些（6 支）**小鎯頭**，小丁先生也訂了相同數目的**小鎯頭**，但他的訂單被弄錯了，他收到的是相同數目的**大螺絲起子**。

   ⑴ 請將相同數目的**大螺絲起子**放在小丁先生的店裡。

   ⑵ 請問老丁及小丁先生的店中，共有多少件**工具**呢？【12】

3. 老丁先生訂購了一些（7 支）**大螺絲起子**，小丁先生也訂了相同數目的**大螺絲起子**，但他的訂單被弄錯了，他收到的是相同數目的**小螺絲起子**。

⑴ 請將相同數目的**小螺絲起子**放在小丁先生的店裡。

⑵ 請問老丁及小丁先生的店中，共有多少件**工具**呢？【14】

4. 老丁先生訂購了一些（8 支）**小螺絲起子**，小丁先生也訂了相同數目的**小螺絲起子**，但他的訂單被弄錯了，他收到的是相同數目的**大鎯頭**。

⑴ 請將相同數目的**大鎯頭**放在小丁先生的店裡。

⑵ 請問老丁及小丁先生的店中，共有多少件**工具**呢？【16】

〔五〕

1. 老丁先生決定要大拍賣。他放了一些（5 支）**大鎯頭**和（4 支）**小鎯頭**在店中，而小丁先生也決定要放一些（9 支）**大螺絲起子**在店中。

⑴ 算算看，在老丁及小丁先生的店中，共有多少件**大工具**呢？【14】

⑵ 再算算看，在他們店中的**小鎯頭**和**大螺絲起子**合起來共有多少支呢？【13】

2. 老丁先生決定要大拍賣。他放了一些（6 支）**小鎯頭**和（3 支）**大螺絲起子**在店中，而小丁先生也決定要放一些（9 支）**小螺絲起子**在店中。

⑴ 算算看，在老丁及小丁先生的店中，共有多少件**小工具**呢？【15】

⑵ 再算算看，在他們店中的**大螺絲起子**和**小螺絲起子**合起來共有多少支呢？【12】

3. 老丁先生決定要大拍賣。他放了一些（2 支）**大螺絲起子**和（7 支）**小螺絲起子**在店中，而小丁先生也決定要放一些（9 支）**大鎯頭**在店中。

⑴ 算算看，在老丁及小丁先生的店中，共有多少件**大工具**呢？【11】

⑵ 再算算看，在他們店中的**小螺絲起子**和**大鎯頭**合起來共有多少支

呢？【16】

4. 老丁先生決定要大拍賣。他放了一些（4 支）**小螺絲起子**和（5 支）**大鋤頭**在店中，而小丁先生也決定要放一些（9 支）**小鋤頭在店中**。
   (1) 算算看，在老丁及小丁先生的店中，共有多少件**小工具**呢？【13】
   (2) 再算算看，在他們店中的**大鋤頭**和**小鋤頭**合起來共有多少支呢？【14】

〔六〕

1. 老丁先生和小丁先生認為聖誕節的前一個星期，人們會大量購買工具，所以老丁先生在他的店中擺置了：（3 支）**大鋤頭**、（3 支）**大螺絲起子**、（2 支）**小螺絲起子**和（1 支）**小鋤頭**。
   (1) 而小丁先生也想放置相同數目的同種**工具**在店中，你可以幫忙放好嗎？
   (2) 請問二家店中，共有多少件**大工具**呢？【12】
   (3) 我想從老丁先生的店中買下全部的**大鋤頭**，及從小丁先生的店中買下全部的**小螺絲起子**。我總共買了多少件**工具**呢？【5】
2. 老丁先生和小丁先生認為聖誕節的前一個星期，人們會大量購買工具，所以老丁先生在他的店中擺置了：（4 支）**大鋤頭**、（2 支）**大螺絲起子**、（1 支）**小螺絲起子**和（1 支）**小鋤頭**。
   (1) 而小丁先生也想放置相同數目的同種**工具**在店中，你可以幫忙放好嗎？
   (2) 請問二家店中，共有多少支**螺絲起子**呢？【6】
   (3) 我想從老丁先生的店中買下全部的**大螺絲起子**，及從小丁先生的店中買下全部的**小鋤頭**。我總共買了多少件**工具**呢？【3】
3. 老丁先生和小丁先生認為聖誕節的前一個星期，人們會大量購買工具，所以老丁先生在他的店中擺置了：（1 支）**大鋤頭**、（1 支）**大**

螺絲起子、（2 支）**小螺絲起子**和（5 支）**小鎯頭**。

⑴ 而小丁先生也想放置相同數目的同種**工具**在店中，你可以幫忙放好嗎？

⑵ 請問二家店中，共有多少件**小工具**呢？【14】

⑶ 我想從老丁先生的店中買下全部的**小螺絲起子**，及從小丁先生的店中買下全部的**大螺絲起子**。我總共買了多少件**工具**呢？【3】

4. 老丁先生和小丁先生認為聖誕節的前一個星期，人們會大量購買**工具**，所以老丁先生在他的店中擺置了：（2 支）**大鎯頭**、（1 支）**大螺絲起子**、（4 支）**小螺絲起子**和（2 支）**小鎯頭**。

⑴ 而小丁先生也想放置相同數目的同種**工具**在店中，你可以幫忙放好嗎？

⑵ 請問二家店中，共有多少支**鎯頭**呢？【8】

⑶ 我想從老丁先生的店中買下全部的**小鎯頭**，及從小丁先生的店中買下全部的**大鎯頭**。我總共買了多少件**工具**呢？【4】

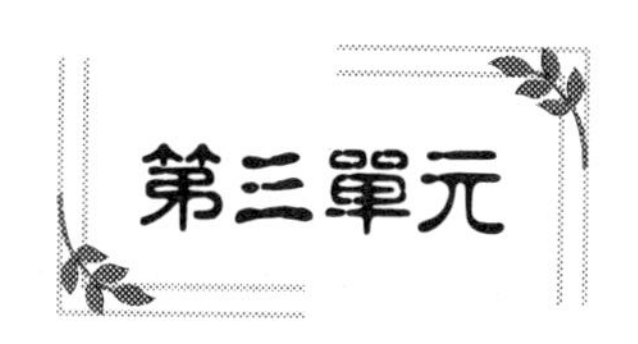

第三單元

◑ 教材：

1. 二張技工的故事板（老技工、年輕技工）及一張老木匠的故事板

2. 各種工具的卡片組（大鎯頭、小鎯頭、大螺絲起子、小螺絲起子）

☼ 你知道五金店是什麼嗎？那就是你可以在裡面買到各種家庭用具的店，而技工老丁、技工小丁先生的店就是五金店。這個城中還有另一家五金店，店主是老木匠史先生。今天，我們將要去參觀這三家店。

〔一〕

1. 老丁先生在他的店中放置了一些（6 支）**大鎯頭**；小丁先生也在他的店中放置了一些（7 支）**小鎯頭**。史先生是個老木匠，在他的店中放置了一些（3 支）**大螺絲起子**和（2 支）**小螺絲起子**。
   ⑴ 三家店中，共有多少件**工具**呢？【18】
   ⑵ 共有多少件**工具**被放置在技工的店中呢？【13】
   ⑶ 共有多少件**工具**被放置在年紀較大的老板的店中呢？【11】
   ⑷ 在老木匠的店中，**大螺絲起子**比**小螺絲起子**多出幾支呢？【1】
   ⑸ 老丁先生店中的**工具**比小丁先生店中的**工具**少了幾件呢？【1】
   ⑹ 老丁先生店中的**工具**比老木匠店中的**工具**多了幾件呢？【1】
   ⑺ 小丁先生店中的**工具**比老木匠店中的**工具**多了幾件呢？【2】
   ⑻ 老丁先生店中的**工具**比老木匠店中的**大螺絲起子**多出多少呢？

【3】

(9) 小丁先生店中的**工具**比老木匠店中的**小螺絲起子**多出多少呢？

【5】

2. 老丁先生在他的店中放置了一些（7 支）**小鎯頭**；小丁先生也在他的店中放置了一些（5 支）**大螺絲起子**。史先生是個老木匠，在他的店中放置了一些（6 支）**小螺絲起子**和（2 支）**大鎯頭**。

(1) 三家店中，共有多少件**工具**呢？【20】

(2) 共有多少件**工具**被放置在技工的店中呢？【12】

(3) 共有多少件**工具**被放置在年紀較大的老板的店中呢？【15】

(4) 在老木匠的店中，**螺絲起子**比**鎯頭**多出幾支呢？【4】

(5) 老丁先生店中的**工具**比小丁先生店中的**工具**多了幾件呢？【2】

(6) 老丁先生店中的**工具**比老木匠店中的**工具**少了幾件呢？【1】

(7) 小丁先生店中的**工具**比老木匠店中的**工具**少了幾件呢？【3】

(8) 老丁先生店中的**工具**比老木匠店中的**小螺絲起子**多出多少呢？

【1】

(9) 小丁先生店中的**工具**比老木匠店中的**大鎯頭**多出多少呢？【3】

3. 老丁先生在他的店中放置了一些（8 支）**大螺絲起子**；小丁先生也在他的店中放置了一些（9 支）**小螺絲起子**。史先生是個老木匠，在他的店中放置了一些（2 支）**大鎯頭**和（4 支）**小鎯頭**。

(1) 三家店中，共有多少件**工具**呢？【23】

(2) 共有多少件**工具**被放置在技工的店中呢？【17】

(3) 共有多少件**工具**被放置在年紀較大的老板的店中呢？【14】

(4) 在老木匠的店中，**小鎯頭**比**大鎯頭**多出幾支呢？【2】

(5) 老丁先生店中的**工具**比小丁先生店中的**工具**少了幾件呢？【1】

(6) 老丁先生店中的**工具**比老木匠店中的**工具**多了幾件呢？【2】

(7) 小丁先生店中的**工具**比老木匠店中的**工具**多了幾件呢？【3】

(8) 老丁先生店中的**工具**比老木匠店中的**大鎯頭**多出多少呢？【6】

(9) 小丁先生店中的**工具**比老木匠店中的**小鎯頭**多出多少呢？【5】

4. 老丁先生在他的店中放置了一些（9 支）**小螺絲起子**；小丁先生也在他的店中放置了一些（6 支）**大鋤頭**。史先生是個老木匠，在他的店中放置了一些（1 支）**小鋤頭**和（6 支）**大螺絲起子**。
   (1) 三家店中，共有多少件**工具**呢？【22】
   (2) 共有多少件**工具**被放置在技工的店中呢？【15】
   (3) 共有多少件**工具**被放置在年紀較大的老板的店中呢？【16】
   (4) 在老木匠的店中，**大螺絲起子**比**小鋤頭**多出幾支呢？【5】
   (5) 老丁先生店中的**工具**比小丁先生店中的**工具**多了幾件呢？【3】
   (6) 老丁先生店中的**工具**比老木匠店中的**工具**多了幾件呢？【2】
   (7) 小丁先生店中的**工具**比老木匠店中的**工具**少了幾件呢？【1】
   (8) 老丁先生店中的**工具**比老木匠店中的**小鋤頭**多出多少呢？【8】
   (9) 小丁先生店中的**工具**比老木匠店中的**大螺絲起子**多出多少呢？【0】

〔二〕

1. 年終將近，五金店的老闆們決定以低價促銷他們的存貨。
   (1) 老丁先生正要銷售 5 **支大鋤頭**和 4 **支小鋤頭**，請幫他把這些**工具**放在架子上。
   (2) 老木匠正要銷售 2 **支小鋤頭**和 6 **支大螺絲起子**，請幫他把這些**工具**放在架子上。
   (3) 小丁先生正要銷售 2 **支大螺絲起子**、4 **支小螺絲起子**和 3 **支大鋤頭**，請幫他把這些**工具**放在架子上。
   (4) 在老木匠店中，**大螺絲起子**比**小鋤頭**多出幾支要出售？【4】
   (5) 在老丁先生店中，**大鋤頭**比**小鋤頭**多出幾支要出售？　【1】
   (6) 在小丁先生店中，**小螺絲起子**比其他的**工具**少了多少呢？【1】
   (7) 老丁先生欲售的**大鋤頭**比小丁先生的**大鋤頭**多了幾支？【2】
2. 年終將近，五金店的老闆們決定以低價促銷他們的存貨。

(1) 老丁先生正要銷售 3 **支小鎯頭**和 5 **支大螺絲起子**，請幫他把這些**工具**放在架子上。

(2) 老木匠正要銷售 3 **支大螺絲起子**和 1 **支小螺絲起子**，請幫他把這些**工具**放在架子上。

(3) 小丁先生正要銷售 5 **支小螺絲起子**、1 **支大鎯頭**和 2 **支小鎯頭**，請幫他把這些**工具**放在架子上。

(4) 在老木匠店中，**大螺絲起子**比**小螺絲起子**多出幾支要出售？【2】

(5) 在老丁先生店中，**大螺絲起子**比**小鎯頭**多出幾支要出售？【2】

(6) 在小丁先生店中，**小螺絲起子**比其他的**工具**多了多少呢？【2】

(7) 老木匠欲售的**小螺絲起子**比小丁先生的**小螺絲起子**少了幾支？【4】

3. 年終將近，五金店的老闆們決定以低價促銷他們的存貨。

(1) 老丁先生正要銷售 2 **支大螺絲起子**和 5 **支小螺絲起子**，請幫他把這些**工具**放在架子上。

(2) 老木匠正要銷售 2 **支小螺絲起子**和 8 **支大鎯頭**，請幫他把這些**工具**放在架子上。

(3) 小丁先生正要銷售 1 **支大鎯頭**、5 **支小鎯頭**和 3 **支大螺絲起子**，請幫他把這些**工具**放在架子上。

(4) 在老木匠店中，**大鎯頭**比**小螺絲起子**多出幾支要出售？【6】

(5) 在老丁先生店中，**小螺絲起子**比**大螺絲起子**多出幾支要出售？【3】

(6) 在小丁先生店中，**大螺絲起子**比其他的**工具**少了多少呢？【3】

(7) 老丁先生欲售的**小螺絲起子**比老木匠的**小螺絲起子**多了幾支？【3】

4. 年終將近，五金店的老闆們決定以低價促銷他們的存貨。

(1) 老丁先生正要銷售 6 **支小螺絲起子**和 1 **支大鎯頭**，請幫他把這些**工具**放在架子上。

(2) 老木匠正要銷售 6 **支大鎯頭**和 3 **支小鎯頭**，請幫他把這些**工具**放在架子上。

(3) 小丁先生正要銷售 5 **支小鎯頭**、2 **支大螺絲起子**和 2 **支小螺絲起子**，請幫他把這些**工具**放在架子上。

(4) 在老木匠店中，**大鎯頭**比**小鎯頭**多出幾支要出售？【3】

(5) 在老丁先生店中，**小螺絲起子**比**大鎯頭**多出幾支要出售？【5】

(6) 在小丁先生店中，**小鎯頭**比其他的**工具**多了多少呢？【1】

(7) 老木匠欲售的**小鎯頭**比小丁先生的**小鎯頭**少了幾支？【2】

◑ 教材：

1. 二張技工及二張木匠的故事板（老技工、年輕技工、老木匠、年輕木匠）

2. 各種工具的卡片組（大鋤頭、小鋤頭、大螺絲起子、小螺絲起子）

3. 各種書籍的卡片組（紅色厚書、紅色薄書、藍色厚書、藍色薄書）

☼ 展示老技工的圖片，並介紹說：這是王先生，他是一個技工；這是楊先生，是個木匠（展示老木匠的圖片）。他們兩人各有自己的事業。王先生有個姓朱的年輕助手為他工作（展示年輕技工的圖片），楊先生也有個姓李的年輕助手為他工作（展示年輕木匠的圖片）。王先生和朱先生兩位技工，及楊先生和李先生這兩位木匠，有許多工具及工作指導手冊。現在讓我們來看看，他們如何運用這些物品：

〔一〕

1. 王先生將 6 **支大螺絲起子**放置於他工作的車子旁；楊先生將 7 **支小螺絲起子**放置於他建造的房子旁；朱先生將 3 **支大鋤頭**和 2 **支小鋤頭**放置於他工作的車子旁。

   ⑴ 在三個工作場所中，共有多少件**工具**呢？【18】

   ⑵ 在王先生及楊先生的工作場所中，共有多少件**工具**呢？【13】

   ⑶ 在王先生及朱先生的工作場所中，共有多少件**工具**呢？【11】

(4) 在楊先生及朱先生的工作場所中，共有多少件**工具**呢？【12】

(5) 在朱先生的工作場所中，**大鋤頭**比**小鋤頭**多出幾支呢？【1】

(6) 王先生工作區中的**工具**，比楊先生工作區中的**工具**少了幾件呢？【1】

(7) 王先生工作區中的**工具**，比朱先生工作區中的**工具**多了幾件呢？【1】

(8) 楊先生工作區中的**工具**，比朱先生工作區中的**工具**多了幾件呢？【2】

(9) 王先生工作區中的**工具**，比朱先生的**大鋤頭**多出多少呢？【3】

(10) 楊先生工作區中的**工具**，比朱先生的**小鋤頭**多出多少呢？【5】

2. 王先生將 7 **支小螺絲起子**放置於他工作的車子旁；楊先生將 5 **支大鋤頭**放置於他建造的房子旁；朱先生將 6 **支小鋤頭**和 2 **支大螺絲起子**放置於他工作的車子旁。

(1) 在三個工作場所中，共有多少件**工具**呢？【20】

(2) 在王先生及楊先生的工作場所中，共有多少件**工具**呢？【12】

(3) 在王先生及朱先生的工作場所中，共有多少件**工具**呢？【15】

(4) 在楊先生及朱先生的工作場所中，共有多少件**工具**呢？【13】

(5) 在朱先生的工作場所中，**小鋤頭**比**大螺絲起子**多出幾支呢？【4】

(6) 王先生工作區中的**工具**，比楊先生工作區中的**工具**多了幾件呢？【2】

(7) 王先生工作區中的**工具**，比朱先生工作區中的**工具**少了幾件呢？【1】

(8) 楊先生工作區中的**工具**，比朱先生工作區中的**工具**少了幾件呢？【3】

(9) 王先生工作區中的**工具**，比朱先生的**小鋤頭**多出多少呢？【1】

(10) 楊先生工作區中的**工具**，比朱先生的**大螺絲起子**多出多少呢？【3】

3. 王先生將 8 **支大鋤頭**放置於他工作的車子旁；楊先生將 9 **支小鋤頭**放

置於他建造的房子旁；朱先生將 2 **支大螺絲起子**和 4 **支小螺絲起子**放置於他工作的車子旁。

⑴ 在三個工作場所中，共有多少件**工具**呢？【23】

⑵ 在王先生及楊先生的工作場所中，共有多少件**工具**呢？【17】

⑶ 在王先生及朱先生的工作場所中，共有多少件**工具**呢？【14】

⑷ 在楊先生及朱先生的工作場所中，共有多少件**工具**呢？【15】

⑸ 在朱先生的工作場所中，**小螺絲起子**比**大螺絲起子**多出幾支呢？【2】

⑹ 王先生工作區中的**工具**，比楊先生工作區中的**工具**少了幾件呢？【1】

⑺ 王先生工作區中的**工具**，比朱先生工作區中的**工具**多了幾件呢？【2】

⑻ 楊先生工作區中的**工具**，比朱先生工作區中的**工具**多了幾件呢？【3】

⑼ 王先生工作區中的**工具**，比朱先生的**大螺絲起子**多出多少呢？【6】

⑽ 楊先生工作區中的**工具**，比朱先生的**小螺絲起子**多出多少呢？【5】

4. 王先生將 9 **支小鎯頭**放置於他工作的車子旁；楊先生將 6 **支大螺絲起子**放置於他建造的房子旁；朱先生將 1 **支小螺絲起子**和 6 **支小鎯頭**放置於他工作的車子旁。

⑴ 在三個工作場所中，共有多少件**工具**呢？【22】

⑵ 在王先生及楊先生的工作場所中，共有多少件**工具**呢？【15】

⑶ 在王先生及朱先生的工作場所中，共有多少件**工具**呢？【16】

⑷ 在楊先生及朱先生的工作場所中，共有多少件**工具**呢？【13】

⑸ 在朱先生的工作場所中，**小鎯頭**比**小螺絲起子**多出幾支呢？【5】

⑹ 王先生工作區中的**工具**，比楊先生工作區中的**工具**多了幾件呢？

【3】

(7) 王先生工作區中的**工具**，比朱先生工作區中的**工具**多了幾件呢？

【2】

(8) 楊先生工作區中的**工具**，比朱先生工作區中的**工具**少了幾件呢？

【1】

(9) 王先生工作區中的**工具**，比朱先生的**小螺絲起子**多出多少呢？

【8】

(10) 楊先生工作區中的**工具**，比朱先生的**小鎯頭**多出多少呢？【0】

☼ 展示年輕木匠的圖片及書的卡片組，告訴學生：木匠和技工製作東西時，也需要一些操作手冊做參考。

〔二〕

1. 現在由李先生開始：我們給他 1 **本紅色薄書**、2 **本藍色厚書**、2 **支大鎯頭**和 3 **支大螺絲起子**。

(1) 請問李先生共有多少本**藍色厚書**呢？【2】

(2) 李先生的工作區中，**紅色薄書**比**大螺絲起子**少了多少呢？【2】

(3) 李先生的工作區中，**藍色厚書**、**紅色薄書**和**大螺絲起子**的數目一共是多少呢？【6】

接著讓我們給王先生 3 **支小鎯頭**、2 **支大螺絲起子**、3 **本紅色厚書**和 4 **本藍色薄書**；給楊先生 2 **支大鎯頭**、2 **支小螺絲起子**、3 **本紅色薄書**和 2 **本藍色厚書**；給朱先生 1 **支小鎯頭**、2 **支小螺絲起子**、3 **本紅色厚書**和 1 **本藍色薄書**。

(4) 請問這四個人共有多少本**紅書**呢？【10】

(5) 請問技工及木匠們共有多少件**大工具**呢？【9】

(6) 請問木匠們共有多少本**紅書**呢？【4】

(7) 請問技工共有多少本**厚書**呢？【6】

(8) 技工比木匠多出多少本**厚書**呢？【2】

(9) 年輕技工的**紅書**比**工具**少了多少呢？【0】

(10) 技工們比老木匠多了多少件**東西**呢？【10】

2. 現在由李先生開始：我們給他 3 **本藍色薄書**、1 **本紅色厚書**、2 **支大螺絲起子**和 3 **支小鎯頭**。

(1) 請問李先生共有多少本**藍色薄書**呢？【3】

(2) 李先生的工作區中，**大螺絲起子**比**藍色薄書**少了多少呢？【1】

(3) 李先生的工作區中，**藍書**、**大螺絲起子**和**大鎯頭**的數目一共是多少呢？【5】

接著讓我們給王先生 2 **本紅色薄書**、3 **本藍色厚書**、2 **支大鎯頭**和 3 **支小螺絲起子**；給楊先生 1 **本藍色厚書**、3 **本藍色薄書**、2 **支小鎯頭**和 3 **支大螺絲起子**；給朱先生 1 **本紅色薄書**、2 **本藍色厚書**、2 **支大鎯頭**和 1 **支小螺絲起子**。

(4) 請問這四個人共有多少本**藍書**呢？【12】

(5) 請問技工及木匠們共有多少本**厚書**呢？【7】

(6) 請問木匠們共有多少支**鎯頭**呢？【5】

(7) 請問技工共有多少支**小螺絲起子**呢？【4】

(8) 技工比木匠少了多少件**小工具**呢？【1】

(9) 年輕技工的**大鎯頭**比**書**少了多少呢？【1】

(10) 木匠們比年輕技工多了多少件**東西**呢？【12】

3. 現在由李先生開始：我們給他 2 **本紅色薄書**、3 **本藍色厚書**、3 **支大鎯頭**和 3 **支大螺絲起子**。

(1) 請問李先生共有多少本**藍色厚書**呢？【3】

(2) 李先生的工作區中，**紅色薄書**比**大螺絲起子**少了多少呢？【1】

(3) 李先生的工作區中，**藍色厚書**、**大鎯頭**和**大螺絲起子**的數目一共是多少呢？【9】

接著讓我們給王先生 2 **本藍色厚書**、3 **本紅色薄書**、2 **支小鎯頭**和 2 **支大螺絲起子**；給楊先生 2 **本藍色薄書**、3 **本紅色厚書**、2 **支大鎯頭**和 3 **支小螺絲起子**；給朱先生 2 **本藍色厚書**、2 **本紅色薄書**、3 **支小鎯頭**和 2 **支大螺絲起子**。

⑷ 請問這四個人共有多少支**鎯頭**呢？【10】

⑸ 請問技工及木匠們共有多少件**小工具**呢？【8】

⑹ 請問木匠們共有多少支**螺絲起子**呢？【6】

⑺ 請問技工共有多少本**薄書**呢？【5】

⑻ 技工比木匠多出多少本**薄書**呢？【1】

⑼ 年輕技工的**薄書**比工具少了多少呢？【3】

⑽ 老工匠們比年輕技工多了多少件**東西**呢？【10】

4. 現在由李先生開始：我們給他 1 **本藍色薄書**、2 **本紅色厚書**、2 **支大螺絲起子**和 1 **支小鎯頭**。

⑴ 請問李先生共有多少本**紅色薄書**呢？【0】

⑵ 李先生的工作區中，**小鎯頭**比**紅色厚書**少了多少呢？【1】

⑶ 李先生的工作區中，**藍色薄書**、**紅色厚書**和**小鎯頭**的數目一共是多少呢？【4】

接著讓我們給王先生 1 **本藍色薄書**、1 **本紅色厚書**、2 **支大鎯頭**和 3 **支小螺絲起子**；給楊先生 2 **本紅色厚書**、1 **本紅色薄書**、2 **支小螺絲起子**和 3 **支大鎯頭**；給朱先生 3 **本藍色薄書**、3 **本紅色厚書**、2 **支大鎯頭**和 3 **支小螺絲起子**。

⑷ 請問這四個人共有多少支**螺絲起子**呢？【10】

⑸ 請問技工及木匠們共有多少本**薄書**呢？【6】

⑹ 請問木匠共有多少本**藍書**呢？【1】

⑺ 請問技工共有多少支**大鎯頭**呢？【4】

⑻ 技工比木匠少了多少件**大工具**呢？【1】

⑼ 年輕技工的**小螺絲起子**比書少了多少呢？【3】

⑽ 年輕工匠比老木匠多了多少件**東西**呢？【3】

◑ 教材：

1. 四張珠寶商的畫卡

☼ 我要問你一些有關珠寶商的問題：

你知道珠寶商是做什麼的嗎？

珠寶商的特長在於販賣珠寶，如：鑽石、紅寶石、瑪瑙，而這些珠寶多以項鍊、手環及戒指展出。

除此之外，珠寶商還賣些什麼東西呢？

磁器、銀器、陶器等。

現在將四位珠寶商定為：甲珠寶商、乙珠寶商、丙珠寶商及丁珠寶商。

〔一〕

（出示甲、乙二張畫卡）

1. 甲珠寶商有 3 **條項鍊**，乙珠寶商有 2 **條項鍊**。這二位珠寶商共有幾條**項鍊**呢？【5】
2. 甲珠寶商比乙珠寶商多出幾條**項鍊**呢？【1】
3. 有人向這些珠寶商買了 1 **條項鍊**，現在還剩下幾條**項鍊**呢？【4】

〔二〕

（出示甲、丙、丁三張畫卡）

1. 丙珠寶商有 5 **條項鍊**，丁珠寶商有 2 **個手環**，甲珠寶商有 3 **條項鍊**。三人共有幾條**項鍊**呢？【8】
2. 丙珠寶商比甲珠寶商多出幾條**項鍊**呢？【2】
3. 丙珠寶商的**項鍊**比丁珠寶商的**手環**多出幾件呢？【3】

〔三〕

（出示甲、乙、丙三張畫卡）

1. 乙珠寶商有 2 **條項鍊**，丙珠寶商有 5 **條項鍊**，甲珠寶商有 3 **條項鍊**。乙、丙兩位珠寶商共有幾條**項鍊**呢？【7】
2. 甲珠寶商比乙珠寶商多出幾條**項鍊**呢？【1】
3. 三個珠寶商共有幾條**項鍊**呢？【10】

〔四〕

（出示甲、乙、丙、丁四張畫卡）

1. 甲珠寶商有 3 **條項鍊**，乙珠寶商有 2 **條項鍊**，丙珠寶商有 5 **條項鍊**，丁珠寶商有 2 **個手環**。甲、乙兩位珠寶商共有幾條**項鍊**呢？【5】
2. 珠寶商們的**項鍊**總數比丁珠寶商所有的**手環**多出幾件呢？【8】
3. 甲、乙兩位珠寶商共有的**項鍊**比丁珠寶商所有的**手環**多出幾件呢？【3】

〔五〕

（出示甲、丙、丁三張畫卡）

1. 丁珠寶商有 2 **個手環**，丙珠寶商有 5 **條項鍊**，甲珠寶商有 3 **條項鍊**。這些珠寶商共有幾條**項鍊**呢？【8】
2. 還需再加幾條**項鍊**，才能有 12 **條項鍊**呢？【4】
3. 假如有人買走了 4 **條項鍊**，還剩下多少條**項鍊**呢？【4】

〔六〕

（出示乙、丙、丁三張畫卡）

1. 丙珠寶商有 5 **條項鍊**，丁珠寶商有 2 **個手環**，乙珠寶商有 2 **條項鍊**。丙、乙兩位珠寶商共有幾條**項鍊**呢？【7】
2. 丁珠寶商的**手環**比乙珠寶商的**項鍊**多出幾件呢？【0】
3. 乙、丙兩位珠寶商共有的**項鍊**比丁珠寶商的**手環**多出幾件呢？【5】

〔七〕

（出示甲、乙、丙三張畫卡）

1. 甲珠寶商有 3 **條項鍊**，乙珠寶商有 2 **條項鍊**，丙珠寶商有 5 **條項鍊**。上述的珠寶商共有幾條**項鍊**呢？【10】
2. 甲、丙兩位珠寶商比乙珠寶商多出幾條**項鍊**呢？【6】
3. 乙、丙兩位珠寶商比甲珠寶商多出幾條**項鍊**呢？【4】

〔八〕

（出示甲、丙、丁三張畫卡）

1. 丙珠寶商有 5 **條項鍊**，丁珠寶商有 2 **個手環**，甲珠寶商有 3 **條項鍊**，這些珠寶商共有幾條**項鍊**呢？【8】
2. 甲珠寶商又找到一些**項鍊**，現在他有 6 **條項鍊**，那麼他究竟找到幾條**項鍊**呢？【3】
3. 丙珠寶商又找到一些**項鍊**，現在他有 9 **條項鍊**，那麼他究竟找到幾條**項鍊**呢？【4】

第六單元

◑ **教材：**

1. 二張雜貨商及二張送貨員的故事板（胖雜貨商、瘦雜貨商、胖送貨員、瘦送貨員）

2. 各種水果的卡片組（黃蘋果、綠蘋果、綠香蕉、黃香蕉）

☼ 有二個雜貨商從果菜市場中買水果來擺置於他們的店內。如下所示：

黃蘋果	黃蘋果	綠香蕉	綠香蕉	綠香蕉
胖雜貨商				
黃香蕉	黃香蕉	黃香蕉	綠蘋果	綠蘋果

綠蘋果	綠蘋果	綠蘋果	綠蘋果	黃香蕉
瘦雜貨商				
綠香蕉	綠香蕉	黃蘋果	黃蘋果	黃蘋果

〔一〕

1. 現在我們來算算看，

⑴ **胖雜貨商**有多少個**蘋果**呢？【4】

⑵ **瘦雜貨商**有多少個**蘋果**呢？【7】

⑶ **雜貨商們**共有多少個**蘋果**呢？【11】

⑷ **胖雜貨商**有多少個**綠蘋果**呢？【2】

⑸ **瘦雜貨商**有多少個**綠蘋果**呢？【4】

⑹ **雜貨商們**共有多少個**綠蘋果**呢？【6】

2. 我們來算算看，

⑴ **胖雜貨商**有多少根**香蕉**呢？【6】

⑵ **瘦雜貨商**有多少根**香蕉**呢？【3】

⑶ **雜貨商們**共有多少根**香蕉**呢？【9】

⑷ **胖雜貨商**有多少根**綠香蕉**呢？【3】

⑸ **瘦雜貨商**有多少根**綠香蕉**呢？【2】

⑹ **雜貨商們**共有多少根**綠香蕉**呢？【5】

3. 我們再來算算看，

⑴ **胖雜貨商**有多少個**水果**呢？【10】

⑵ **瘦雜貨商**有多少個**水果**呢？【10】

⑶ **雜貨商們**共有多少個**水果**呢？【20】

⑷ **胖雜貨商**有多少個**綠色水果**呢？【5】

⑸ **瘦雜貨商**有多少個**綠色水果**呢？【6】

⑹ **雜貨商們**共有多少個**綠色水果**呢？【11】

〔二〕

1. 請你告訴我，哪個**雜貨商**有較多的**蘋果**呢？是胖雜貨商或瘦雜貨商有較多的**蘋果**呢？【瘦雜貨商】

多出幾個呢？【3】

2. 請你告訴我，哪個**雜貨商**有較多的**綠色水果**呢？是胖雜貨商或瘦雜貨商有較多的**綠色水果**呢？【瘦雜貨商】

多出幾個呢？【1】

〔三〕

1. 比比看**瘦雜貨商**的**蘋果**及**胖雜貨商**的**香蕉**，哪一種水果比較多呢？

   【蘋果】

   多出幾個呢？【1】

2. 比比看**瘦雜貨商**的**綠色水果**及**胖雜貨商**的**黃色水果**，哪一種水果比較多呢？【綠色水果】

   多出幾個呢？【1】

3. 比比看**瘦雜貨商**的**蘋果**及**胖雜貨商**的**綠香蕉**，哪一種水果比較多呢？【蘋果】

   多出幾個呢？【4】

4. 比比看**瘦雜貨商**的**黃色水果**及**胖雜貨商**的**綠香蕉**，哪一種水果比較多呢？【黃色水果】

   多出幾個呢？【1】

☼ 以下為胖送貨員的送貨量及胖雜貨商的訂貨量：

綠蘋果	綠蘋果	綠蘋果	綠蘋果	綠蘋果
胖雜貨商				
黃香蕉	黃香蕉	黃香蕉	黃蘋果	黃蘋果

黃香蕉	黃香蕉	黃香蕉	黃香蕉	綠蘋果
胖送貨員				
綠香蕉	綠香蕉	黃蘋果	黃蘋果	黃蘋果

〔四〕

1. 現在我們來算算看，
   (1) **胖送貨員**共有多少根**黃香蕉**呢？【4】
   (2) **胖送貨員**共有多少根**綠香蕉**呢？【2】
   (3) 請問**胖雜貨商**與**胖送貨員**共有多少根**香蕉**呢？【9】
2. 現在我們來算算看，
   (1) **胖送貨員**共有多少個**黃蘋果**呢？【3】
   (2) **胖送貨員**共有多少個**綠蘋果**呢？【1】
   (3) 請問**胖雜貨商**與**胖送貨員**共有多少個**蘋果**呢？【11】
3. 現在我們來算算看，
   (1) **胖送貨員**共有多少個**黃色水果**呢？【7】
   (2) 請問**胖雜貨商**與**胖送貨員**共有多少個**黃色水果**呢？【12】
4. 現在我們來算算看，
   (1) **胖送貨員**共有多少個**綠色水果**呢？【3】
   (2) 請問**胖雜貨商**與**胖送貨員**共有多少個**綠色水果**呢？【8】

〔五〕

1. 比比看**胖雜貨商**和**胖送貨員**的**香蕉**，哪一個人的**香蕉**數量較少呢？
   【胖雜貨商】
   少了幾個呢？【3】
2. 比比看**胖雜貨商**和**胖送貨員**的**黃色水果**，哪一個人的**黃色水果**數量較少呢？【胖雜貨商】
   少了幾個呢？【2】
3. 比比看**胖雜貨商**的**蘋果**和**胖送貨員**的**香蕉**，哪一個的數量較少呢？
   【胖送貨員】

少了幾個呢？【1】

4. 比比看**胖雜貨商**的**綠色水果**和**胖送貨員**的**黃色水果**，哪一個的數量較少呢？【胖雜貨商】

   少了幾個呢？【2】

5. 比比看**胖雜貨商**的**香蕉**和**胖送貨員**的**黃色水果**，哪一個的數量較少呢？【胖雜貨商】

   少了幾個呢？【4】

6. 比比看**胖雜貨商**的**綠色水果**和**胖送貨員**的**綠香蕉**，哪一個的數量較少呢？【胖送貨員】

   少了幾個呢？【3】

☼ 另外，以下是瘦雜貨商的訂貨量和瘦送貨員的送貨量：

綠蘋果	綠蘋果	綠蘋果	綠蘋果	綠香蕉
		瘦送貨員		
綠香蕉	綠香蕉	綠香蕉	黃蘋果	黃香蕉

綠蘋果	綠蘋果	綠蘋果	黃蘋果	黃蘋果
		瘦雜貨商		
黃蘋果	綠香蕉	綠香蕉	綠香蕉	黃香蕉

〔六〕

1. 我們來算算看，

   (1) **瘦雜貨商**共有多少個**蘋果**呢？【6】

   (2) **瘦雜貨商**和**瘦送貨員**共有多少個**蘋果**呢？【11】

2. 我們來算算看，

   (1) **瘦雜貨商**共有多少根**香蕉**呢？【4】

⑵ 瘦雜貨商和瘦送貨員共有多少根香蕉呢？【9】

3. 我們來算算看，

⑴ 瘦雜貨商共有多少個綠色水果呢？【6】

⑵ 瘦雜貨商和瘦送貨員共有多少個綠色水果呢？【14】

4. 我們來算算看，

⑴ 瘦雜貨商共有多少個黃色水果呢？【4】

⑵ 瘦雜貨商和瘦送貨員共有多少個黃色水果呢？【6】

〔七〕

1. 瘦雜貨商和瘦送貨員，共有多少個黃蘋果和綠香蕉呢？【11】
2. 瘦雜貨商和瘦送貨員，共有多少個綠蘋果和黃香蕉呢？【9】

〔八〕

1. 瘦雜貨商和瘦送貨員共有多少個不是香蕉的黃色水果呢？【4】
2. 瘦雜貨商和瘦送貨員共有多少個不是蘋果的綠色水果呢？【7】

〔九〕

1. 看看瘦送貨員的蘋果，再看看瘦雜貨商的蘋果，哪一個人的蘋果數量較多呢？【瘦雜貨商】

   多了幾個呢？【1】

2. 看看瘦送貨員的綠色水果，再看看瘦雜貨商的綠色水果，哪一個人的綠色水果數量較多呢？【瘦送貨員】

   多了幾個呢？【2】

3. 看看瘦送貨員的水果，再看看瘦雜貨商的蘋果，哪一個的數量較多呢？【瘦送貨員】

多了幾個呢？【4】

4. 看看**瘦送貨員**的**黃色水果**，再看看**瘦雜貨商**的**水果**，哪一個的數量較多呢？【瘦雜貨商】

   多了幾個呢？【8】

5. 看看**瘦送貨員**的**黃色水果**，再看看**瘦雜貨商**的**蘋果**，哪一個的數量較多呢？【瘦雜貨商】

   多了幾個呢？【4】

6. 看看**瘦送貨員**的**綠蘋果**，再看看**瘦雜貨商**的**綠色水果**，哪一個的數量較多呢？【瘦雜貨商】

   多了幾個呢？【2】

☼ 二個送貨員正在談論他們的小費，這時他們倆又接到以下的訂單：

黃蘋果	黃蘋果	黃蘋果	綠蘋果	綠香蕉
瘦送貨員				
綠香蕉	綠香蕉	綠香蕉	綠香蕉	黃香蕉

綠蘋果	綠蘋果	綠香蕉	綠香蕉	黃蘋果
胖送貨員				
黃蘋果	黃蘋果	黃蘋果	黃香蕉	黃香蕉

〔十〕

1. **二個送貨員**共有多少個**綠蘋果**和**黃香蕉**呢？【6】
2. **二個送貨員**共有多少個**黃蘋果**和**綠香蕉**呢？【14】

〔十一〕

1. **二位送貨員**共有多少個**不是蘋果**的**綠色水果**呢？【7】
2. **二位送貨員**共有多少個**不是香蕉**的**黃色水果**呢？【7】

〔十二〕

1. 看看**瘦送貨員**的**蘋果**，再看看**胖送貨員**的**蘋果**，哪一個人的**蘋果**數量較少呢？【瘦送貨員】
   少了幾個呢？【2】
2. 看看**瘦送貨員**的**黃色水果**，再看看**胖送貨員**的**黃色水果**，哪一個人的**黃色水果**數量較少呢？【瘦送貨員】
   少了幾個呢？【2】
3. 看看**瘦送貨員**的**水果**，再看看**胖送貨員**的**香蕉**，哪一個的數量較少呢？【胖送貨員】
   少了幾個呢？【6】
4. 看看**瘦送貨員**的**綠色水果**，再看看**胖送貨員**的**水果**，哪一個的數量較少呢？【瘦送貨員】
   少了幾個呢？【4】
5. 看看**瘦送貨員**的**蘋果**，再看看**胖送貨員**的**黃色水果**，哪一個的數量較少呢？【瘦送貨員】
   少了幾個呢？【2】
6. 看看**瘦送貨員**的**綠色水果**，再看看**胖送貨員**的**綠蘋果**，哪一個的數量較少呢？【胖送貨員】
   少了幾個呢？【4】

第七單元

◑ 教材：

1. 二張技工及二張木匠的故事板（老技工、年輕技工、老木匠、年輕木匠）

2. 各種工具的卡片組（大螺絲起子、小螺絲起子、大鎯頭、小鎯頭）

☼ 我看見二位技工在一起，老技工和年輕技工各有如下表所列出的工具：

大螺絲起子	大螺絲起子	大螺絲起子	小鎯頭	小鎯頭
年輕技工				
小鎯頭	小鎯頭	小螺絲起子	大鎯頭	大鎯頭

大螺絲起子	小鎯頭	小鎯頭	小螺絲起子	小螺絲起子
老技工				
小螺絲起子	小螺絲起子	小螺絲起子	大鎯頭	大鎯頭

〔一〕

1. ⑴ 年輕技工共有多少支**螺絲起子**呢？【4】

⑵ 老技工共有多少支**螺絲起子**呢？【6】

⑶ 兩位技工共有多少支**螺絲起子**呢？【10】

⑷ 年輕技工共有多少支**小螺絲起子**呢？【1】

(5) 老技工共有多少支**小螺絲起子**呢？【5】

(6) 兩位技工共有多少支**小螺絲起子**呢？【6】

2. (1) 年輕技工共有多少支**鎯頭**呢？【6】

(2) 老技工共有多少支**鎯頭**呢？【4】

(3) 兩位技工共有多少支**鎯頭**呢？【10】

(4) 年輕技工共有多少支**小鎯頭**呢？【4】

(5) 老技工共有多少支**小鎯頭**呢？【2】

(6) 兩位技工共有多少支**小鎯頭**呢？【6】

3. (1) 年輕技工共有多少件**工具**呢？【10】

(2) 老技工共有多少件**工具**呢？【10】

(3) 兩位技工共有多少件**工具**呢？【20】

(4) 年輕技工共有多少件**小工具**呢？【5】

(5) 老技工共有多少件**小工具**呢？【7】

(6) 兩位技工共有多少件**小工具**呢？【12】

〔二〕

1. 誰的**鎯頭**比較多，是年輕技工或老技工呢？【年輕技工】

   多出幾支呢？【2】

2. 誰的**大工具**比較多，是年輕技工或老技工呢？【年輕技工】

   多出幾支呢？【2】

〔三〕

1. 看看年輕技工的**鎯頭**，再看看老技工的**螺絲起子**，誰的數量比較多呢？【相同】

   多出多少呢？【0】

2. 看看年輕技工的**大工具**，再看看老技工的**小工具**，誰的數量比較多

呢？【老技工】

多出多少呢？【2】

3. 看看年輕技工的**大鋤頭**，再看看老技工的**螺絲起子**，誰的數量比較多呢？【老技工】

多出多少呢？【4】

4. 看看年輕技工的**大工具**，再看看老技工的**大螺絲起子**，誰的數量比較多呢？【年輕技工】

多出多少呢？【4】

☼ 現在，這裏有二個年輕的工人，其中一個是在蓋房子的年輕木匠，另一個則是修車子的年輕技工。他們二人可能會使用相同的工具，下表是兩人所使用的工具：

小鋤頭	小鋤頭	小鋤頭	小鋤頭	小鋤頭
		年輕技工		
小螺絲起子	大螺絲起子	大螺絲起子	大鋤頭	大鋤頭

大螺絲起子	大螺絲起子	大螺絲起子	小螺絲起子	小螺絲起子
		年輕木匠		
小螺絲起子	大鋤頭	小鋤頭	小鋤頭	小鋤頭

〔四〕

1. 我們來算算看，

⑴ 年輕木匠共有多少支**大螺絲起子**呢？【3】

⑵ 年輕木匠共有多少支**大鋤頭**呢？【1】

⑶ 年輕木匠共有多少件**大工具**呢？【4】

⑷ 年輕木匠共有多少支**小螺絲起子**呢？【3】

⑸ 年輕木匠共有多少支**小鋤頭**呢？【3】

⑹ 年輕木匠共有多少件**小工具**呢？【6】

2. 我們再來算算看，

⑴ 二位年輕工人共有多少支**螺絲起子**呢？【9】

⑵ 二位年輕工人共有多少支**鎯頭**呢？【11】

⑶ 二位年輕工人共有多少件**大工具**呢？【8】

⑷ 二位年輕工人共有多少件**小工具**呢？【12】

〔五〕

1. 看看年輕技工的**鎯頭**，再看看年輕木匠的**鎯頭**，誰的數量比較少呢？【年輕木匠】
   少了幾支呢？【3】
2. 看看年輕技工的**小工具**，再看看年輕木匠的**小工具**，誰的數量比較少呢？【相同】
   少了幾件呢？【0】
3. 看看年輕技工的**鎯頭**，再看看年輕木匠的**螺絲起子**，誰的數量比較少呢？【年輕木匠】
   少了幾支呢？【1】
4. 看看年輕技工的**大工具**，再看看年輕木匠的**小工具**，誰的數量比較少呢？【年輕技工】
   少了幾件呢？【2】
5. 看看年輕技工的**小螺絲起子**，再看看年輕木匠的**鎯頭**，誰的數量比較少呢？【年輕技工】
   少了幾支呢？【3】
6. 看看年輕技工的**小工具**，再看看年輕木匠的**小鎯頭**，誰的數量比較少呢？【年輕木匠】
   少了幾件呢？【3】

※ 現在換老技工及老木匠在一起，他們各有各的工具：

大鎯頭	大鎯頭	小鎯頭	小鎯頭	小鎯頭
老技工				
小鎯頭	小螺絲起子	大螺絲起子	大螺絲起子	大螺絲起子

大螺絲起子	大螺絲起子	大螺絲起子	大螺絲起子	小螺絲起子
老木匠				
小螺絲起子	小螺絲起子	小螺絲起子	小鎯頭	大鎯頭

〔六〕

1. 我們來算算看，

   ⑴ 老木匠共有多少支**螺絲起子**呢？【8】

   ⑵ 二個老工人共有多少支**螺絲起子**呢？【12】

2. 我們來算算看，

   ⑴ 老木匠共有多少支**鎯頭**呢？【2】

   ⑵ 二個老工人共有多少支**鎯頭**呢？【8】

3. 我們來算算看，

   ⑴ 老木匠共有多少件**大工具**呢？【5】

   ⑵ 二個老工人共有多少件**大工具**呢？【10】

4. 我們來算算看，

   ⑴ 老木匠共有多少件**小工具**呢？【5】

   ⑵ 二個老工人共有多少件**小工具**呢？【10】

〔七〕

1. 二個老工人共有多少支**小螺絲起子**和**大鎯頭**呢？【8】
2. 二個老工人共有多少支**大螺絲起子**和**小鎯頭**呢？【12】

〔八〕

1. 二個老工人共有多少件**不是鎯頭**的**小工具**呢？【5】
2. 二個老工人共有多少件**不是螺絲起子**的**大工具**呢？【3】

〔九〕

1. 看看老技工的**螺絲起子**，再看看老木匠的**螺絲起子**，誰的比較多呢？

   【老木匠】

   多了幾支呢？【4】
2. 看看老技工的**大工具**，再看看老木匠的**大工具**，誰的比較多呢？

   【相同】

   多了幾件呢？【0】
3. 看看老技工的**工具**，再看看老木匠的**鎯頭**，誰的比較多呢？

   【老技工】

   多了幾件呢？【8】
4. 看看老技工的**小工具**，再看看老木匠的**工具**，誰的比較多呢？

   【老木匠】

   多了幾件呢？【5】
5. 看看老技工的**鎯頭**，再看看老木匠的**小工具**，誰的比較多呢？

   【老技工】

   多了幾件呢？【1】

6. 看看老技工的**大鎯頭**，再看看老木匠的**大工具**，誰的比較多呢？

【老木匠】

多了幾件呢？【3】

☼ 現在換成老木匠和年輕木匠在一起，下面是兩人使用的工具：

小螺絲起子	小螺絲起子	小螺絲起子	大鎯頭	大鎯頭
老木匠				
大鎯頭	小鎯頭	大螺絲起子	大螺絲起子	大螺絲起子

小螺絲起子	小螺絲起子	大螺絲起子	大螺絲起子	大螺絲起子
年輕木匠				
大螺絲起子	大螺絲起子	大鎯頭	大鎯頭	小鎯頭

〔十〕

1. 這二個木匠，共有多少支**大螺絲起子**和**小鎯頭**呢？【10】
2. 這二個木匠，共有多少支**小螺絲起子**和**大鎯頭**呢？【10】

〔十一〕

1. 這二個木匠，共有多少件**不是螺絲起子**的**大工具**呢？【5】
2. 這二個木匠，共有多少件**不是鎯頭**的**小工具**呢？【5】

〔十二〕

1. 看看老木匠的**鎯頭**，再看看年輕木匠的**鎯頭**，誰的比較少呢？

【年輕木匠】

少了幾支呢？【1】

2. 看看老木匠的**小工具**，再看看年輕木匠的**小工具**，誰的比較少呢？

【年輕木匠】

少了幾件呢？【1】

3. 看看老木匠的**螺絲起子**，再看看年輕木匠的**工具**，誰的比較少呢？

【老木匠】

少了幾件呢？【4】

4. 看看老木匠的**工具**，再看看年輕木匠的**大工具**，誰的比較少呢？

【年輕木匠】

少了幾件呢？【3】

5. 看看老木匠的**螺絲起子**，再看看年輕木匠的**大工具**，誰的比較少呢？

【老木匠】

少了幾件呢？【1】

6. 看看老木匠的**小工具**，再看看年輕木匠的**小螺絲起子**，誰的比較少呢？【年輕木匠】

少了幾件呢？【2】

◑ 教材：

1. 老師們的故事板（高的男老師、矮的男老師、高的女老師、矮的女老師）

2. 各種書籍的卡片組（紅色薄書、紅色厚書、藍色薄書、藍色厚書）

☼ 這裡有兩位男老師，他們正在為下一堂課做特別的準備。

紅色薄書	紅色薄書	紅色薄書	藍色厚書	藍色薄書
高的男老師				
藍色薄書	藍色薄書	藍色薄書	紅色厚書	紅色厚書

紅色厚書	藍色厚書	藍色厚書	藍色厚書	藍色厚書
矮的男老師				
紅色薄書	紅色薄書	紅色厚書	紅色厚書	藍色薄書

〔一〕

1. 我們來算算看，

⑴ 高的男老師有多少本**紅書**呢？【5】

⑵ 矮的男老師有多少本**紅書**呢？【5】

⑶ 兩位男老師共有多少本**紅書**呢？【10】

⑷ 高的男老師有多少本**薄書**呢？【7】

(5) 矮的男老師有多少本**薄書**呢？【3】

(6) 二位男老師共有多少本**薄書**呢？【10】

2. 我們來算算看，

(1) 高的男老師有多少本**藍書**呢？【5】

(2) 矮的男老師有多少本**藍書**呢？【5】

(3) 兩位男老師共有多少本**藍書**呢？【10】

(4) 高的男老師有多少本**厚書**呢？【3】

(5) 矮的男老師有多少本**厚書**呢？【7】

(6) 二位男老師共有多少本**厚書**呢？【10】

3. 我們來算算看，

(1) 高的男老師有多少本**書**呢？【10】

(2) 矮的男老師有多少本**書**呢？【10】

(3) 兩位男老師共有多少本**書**呢？【20】

〔二〕

1. (1) 誰有較多本**藍書**呢？【相同】

(2) 多出幾本呢？【0】

2. (1) 誰有較多本**薄書**呢？【高的男老師】

(2) 多出幾本呢？【4】

〔三〕

1. 看看高的男老師的**紅書**，再看看矮的男老師的**藍書**，哪一位的書較多呢？【相同】

多出幾本呢？【0】

2. 看看高的男老師的**薄書**，再看看矮的男老師的**厚書**，哪一位的書較多呢？【相同】

多出幾本呢？【0】

3. 看看高的男老師的**紅書**，再看看矮的男老師的**藍色薄書**，哪一位的書較多呢？【高的男老師】

多出幾本呢？【4】

4. 看看高的男老師的**紅色薄書**，再看看矮的男老師的**薄書**，哪一位的書較多呢？【相同】

多出幾本呢？【0】

☼ 現在，這裡有兩位高個子的老師，他們各有許多本書：

紅色薄書	紅色薄書	紅色厚書	紅色厚書	紅色厚書
高的男老師				
紅色厚書	藍色薄書	藍色厚書	藍色厚書	藍色厚書

紅色薄書	紅色薄書	紅色薄書	紅色薄書	藍色薄書
高的女老師				
藍色薄書	藍色薄書	藍色厚書	紅色厚書	紅色厚書

〔四〕

1. 我們來算算看，

⑴ 高的女老師有多少本**紅書**呢？【6】

⑵ 二位高個子的老師共有多少本**紅書**呢？【12】

2. 我們來算算看，

⑴ 高的女老師有多少本**藍書**呢？【4】

⑵ 二位高個子的老師共有多少本**藍書**呢？【8】

3. 我們來算算看，

⑴ 高的女老師有多少本**薄書**呢？【7】

(2) 二位高個子的老師共有多少本**薄書**呢？【10】

4. 我們來算算看，

(1)高的女老師有多少本**厚書**呢？【3】

(2)二位高個子的老師共有多少本**厚書**呢？【10】

〔五〕

1. 看看高的男老師的**紅書**，再看看高的女老師的**紅書**，哪一位老師的書比較少呢？【相同】

   少了幾本呢？【0】

2. 看看高的男老師的**厚書**，再看看高的女老師的**厚書**，哪一位老師的書比較少呢？【高的女老師】

   少了幾本呢？【4】

3. 看看高的男老師的**紅書**，再看看高的女老師的**藍書**，哪一位老師的書比較少呢？【高的女老師】

   少了幾本呢？【2】

4. 看看高的男老師的**薄書**，再看看高的女老師的**厚書**，哪一位老師的書比較少呢？【相同】

   少了幾本呢？【0】

5. 看看高的男老師的**藍色厚書**，再看看高的女老師的**紅書**，哪一位老師的書比較少呢？【高的男老師】

   少了幾本呢？【3】

6. 看看高的男老師的**藍色薄書**，再看看高的女老師的**厚書**，哪一位老師的書比較少呢？【高的男老師】

   少了幾本呢？【2】

☼ 現在讓我們來看看矮個子的老師們，他們也各有許多書：

紅色厚書	紅色薄書	紅色薄書	紅色薄書	藍色薄書
矮的女老師				
藍色薄書	藍色薄書	藍色薄書	藍色厚書	藍色厚書

紅色厚書	紅色厚書	紅色厚書	紅色厚書	紅色厚書
矮的男老師				
紅色薄書	藍色薄書	藍色厚書	藍色厚書	藍色厚書

〔六〕

1. 請算算看，
   (1) 矮的女老師有多少本**紅**書呢？【4】
   (2) 矮的老師們有多少本**紅**書呢？【10】
2. 請算算看，
   (1) 矮的女老師有多少本**藍**書呢？【6】
   (2) 矮的老師們有多少本**藍**書呢？【10】
3. 請算算看，
   (1) 矮的女老師有多少本**薄**書呢？【7】
   (2) 矮的老師們有多少本**薄**書呢？【9】
4. 請算算看，
   (1) 矮的女老師有多少本**厚**書呢？【3】
   (2) 矮的老師們有多少本**厚**書呢？【11】

〔七〕

1. 矮的老師們有多少本**藍色薄書**和**紅色厚書**呢？【11】
2. 矮的老師們有多少本**藍色厚書**和**紅色薄書**呢？【9】

〔八〕

1. 矮的老師們有多少本**不是藍色的厚書**呢？【15】
2. 矮的老師們有多少本**不是紅色的薄書**呢？【16】

〔九〕

1. 看看矮的女老師的**厚書**，再看看矮的男老師的**厚書**，哪一位老師的書比較多呢？【矮的男老師】

   多出幾本呢？【5】
2. 看看矮的女老師的**紅書**，再看看矮的男老師的**紅書**，哪一位老師的書比較多呢？【矮的男老師】

   多出幾本呢？【2】
3. 看看矮的女老師的書，再看看矮的男老師的**藍書**，哪一位老師的書比較多呢？【矮的女老師】

   多出幾本呢？【6】
4. 看看矮的女老師的**薄書**，再看看矮的男老師的書，哪一位老師的書比較多呢？【矮的男老師】

   多出幾本呢？【3】
5. 看看矮的女老師的**藍書**，再看看矮的男老師的**薄書**，哪一位老師的書比較多呢？【矮的女老師】

   多出幾本呢？【4】
6. 看看矮的女老師的**紅書**，再看看矮的男老師的**厚書**，哪一位老師的書比較多呢？【矮的男老師】

   多出幾本呢？【4】

☆ 最後，讓我們來看看所有女老師的情形，下面列出的是她們所擁有的書：

紅色薄書	紅色薄書	藍色厚書	藍色厚書	藍色厚書
矮的女老師們				
藍色厚書	藍色厚書	藍色薄書	紅色厚書	藍色薄書

藍色薄書	藍色薄書	藍色薄書	藍色薄書	藍色薄書
高的女老師們				
藍色厚書	藍色薄書	紅色厚書	紅色厚書	紅色厚書

〔十〕

1. 這些女老師們共有多少本**紅色薄書**和**藍色厚書**呢？【8】
2. 這些女老師們共有多少本**紅色厚書**和**藍色薄書**呢？【12】

〔十一〕

1. 這些女老師們共有多少本**不是紅色**的**薄書**呢？【18】
2. 這些女老師們共有多少本**不是藍色**的**厚書**呢？【14】

〔十二〕

1. 看看矮的女老師們的**薄書**，再看看高的女老師們的**薄書**，哪一邊的書比較少呢？【矮的女老師們】
   少幾本呢？【2】
2. 看看矮的女老師們的**藍書**，再看看高的女老師們的**藍書**，哪一邊的書比較少呢？【相同】
   少幾本呢？【0】
3. 看看矮的女老師們的書，再看看高的女老師們的**紅書**，哪一邊的書比

較少呢？【高的女老師們】

少幾本呢？【7】

4. 看看矮的女老師們的**厚書**，再看看高的女老師們的**書**，哪一邊的書比較少呢？【矮的女老師們】

少幾本呢？【4】

5. 看看矮的女老師們的**紅書**，再看看高的女老師們的**薄書**，哪一邊的書比較少呢？【矮的女老師們】

少幾本呢？【3】

6. 看看矮的女老師們的**藍書**，再看看高的女老師們的**厚書**，哪一邊的書比較少呢？【高的女老師們】

少幾本呢？【3】

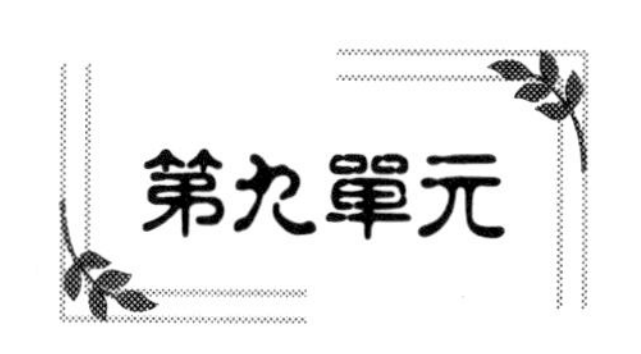

◑ **教材：**

各種面額的錢幣（1 元、5 元、10 元、50 元硬幣，及 50 元、100 元、500 元紙幣）

☼ 讓我們去參觀遊樂場吧！那是個極有趣的地方，有各種年紀都可以騎乘的工具，有些很快（如摩天輪），有些則會使人頭昏（如雲霄飛車），你有沒有最喜歡的遊樂設施呢？那是什麼呢？

除了這些遊樂設施之外，你可以試著玩其他遊戲來贏獎品（如玩偶），你也可以買棉花糖或糖葫蘆，而做這些事情你就需要零錢。在這裡，你可以找到一個提供換錢服務的亭子。

現在假設你是在亭中工作的人，記住！你給的錢數必須與換零錢的人的幣值相同。

〔一〕

1. 假如我給你 100 元，你可以換成幾個 1 元硬幣給我呢？【100】
2. 你有沒有 100 個 1 元硬幣呢？【有】
3. 你可以將 100 元紙幣以 1 元硬幣換給我嗎？【可以】
4. 你可以告訴我 50 元可以換成幾個 1 元嗎？【50】
5. 你可以告訴我 1 張 100 元可換成幾張 50 元嗎？【2】

〔二〕

1. 假如我給你 100 元，你可以換成幾個 5 元給我呢？【20】
2. 你可以告訴我 100 元可以換成幾個 10 元嗎？【10】

〔三〕

1. 這裏有 1 張 500 元的紙幣，可以換成多少張 100 元的紙幣呢？【5】

〔四〕

1. 這裏有 1 張 500 元的紙幣，可以換成多少張 50 元的紙幣呢？【10】

〔五〕

1. 你可以再把 10 元換成一些 1 元和 5 元嗎？【1 個 5 元和 5 個 1 元】

〔六〕

1. 這裏有 500 元，可換成 2 張 100 元和多少張 50 元呢？【6】

〔七〕

1. 這裏有 450 元，可換成 2 張 100 元和幾張 50 元呢？【5 張】

〔八〕

1. 這裏有 3 個 10 元、3 個 5 元、5 個 1 元，你可以把它全部換成多少個 1 元的硬幣？【50 個】

〔九〕

1. 這裏有 1 個 10 元硬幣，你可以幫我換成 6 個硬幣嗎？怎麼換？
   【可以，1 個 5 元和 5 個 1 元】
2. 這裏有 50 元，你可以幫我換成 5 個幾元的硬幣呢？【10 元】

〔十〕

1. 這裏有 100 元，你可以幫我換成 10 個幾元的硬幣呢？【10 元】

第十單元

◑ 教材：

1. 四張肉販的畫卡

☼ 現在我要問你一些有關肉販的問題：

你知道肉販的工作是什麼嗎？他的工作是切肉賣肉。有些肉販有自己的店，我們常稱之為肉店或肉攤。

你曾去過肉店嗎？有許多肉販在大的超市中工作，他們多在一個專門的櫃台上切肉。現在有四個肉販：肉販甲、乙、丙、丁，讓我們來看看他們正在做什麼？

〔一〕

（出示甲、乙二張畫卡）

1. 肉販甲正在準備 6 **塊牛排**要販賣，肉販乙正在準備 4 **塊牛排**要販賣。這些肉販共準備賣幾塊**牛排**呢？【10】
2. 肉販甲比肉販乙多準備了幾塊**牛排**呢？【2】
3. 有個客人從肉販那兒買了 5 **塊牛排**，那麼還剩下幾塊牛排呢？【5】

〔二〕

（出示甲、丙、丁三張畫卡）

1. 肉販丙賣了 2 **塊牛排**，肉販甲賣了 6 **塊牛排**，肉販丁賣了 6 **隻雞**。這些肉販共賣了幾塊**牛排**呢？【8】
2. 肉販甲比肉販丙多賣了幾塊**牛排**呢？【4】
3. 肉販丁賣的**雞**比肉販丙賣的**牛排**多了多少呢？【4】

〔三〕

（出示甲、乙、丙三張畫卡）

1. 肉販乙賣了 4 **塊牛排**，肉販丙賣了 2 **塊牛排**。這二位肉販共賣了幾塊**牛排**呢？【6】
2. 肉販乙比肉販甲少賣了幾塊**牛排**呢？【2】
3. 圖片中所有的肉販共賣了幾塊**牛排**呢？【12】

〔四〕

（出示甲、乙、丙、丁四張畫卡）

1. 肉販乙賣了 4 **塊牛排**，肉販甲賣了 6 **塊牛排**。這二位肉販共賣了幾塊**牛排**呢？【10】
2. 圖片中的肉販所賣的**牛排**比肉販丁所賣的**雞**，多了多少呢？【6】
3. 肉販甲和乙所賣的**牛排**比肉販丁所賣的**雞**，多了多少呢？【4】

〔五〕

（出示甲、丙、丁三張畫卡）

1. 肉販丁賣了 6 **隻雞**，肉販丙賣了 2 **塊牛排**，肉販甲賣了 6 **塊牛排**。這些肉販共賣了幾塊**牛排**呢？【8】
2. 有人買了 4 **塊牛排**，請問還剩下幾塊**牛排**呢？【4】
3. 若總共要賣 11 **塊牛排**，還需再增加幾塊呢？【3】

〔六〕

（出示乙、丙、丁三張畫卡）

1. 肉販丙賣了 2 **塊牛排**，肉販丁賣了 6 **隻雞**，肉販乙賣了 4 **塊牛排**。這些肉販共賣了幾塊**牛排**呢？【6】
2. 肉販丁賣的**雞**比肉販乙賣的**牛排**多出多少呢？【2】
3. 肉販乙和肉販丙二人賣的**牛排**比肉販丁賣的**雞**多出多少呢？【0】

〔七〕

（出示甲、乙、丙三張畫卡）

1. 肉販甲賣了 6 **塊牛排**，肉販乙賣了 4 **塊牛排**，肉販丙賣了 2 **塊牛排**。這些肉販共賣了幾塊**牛排**呢？【12】
2. 肉販甲和肉販丙比肉販乙多賣了幾塊**牛排**呢？【4】
3. 肉販乙和肉販丙比肉販甲多賣了幾塊**牛排**呢？【0】

〔八〕

（出示甲、乙、丙、丁四張畫卡）

1. 肉販丙賣了 2 **塊牛排**，肉販甲賣了 6 **塊牛排**，肉販丁賣了 6 **隻雞**。這些肉販共賣了幾塊**牛排**呢？【8】
2. 肉販甲又多切了一些**牛排**，現在他有 9 **塊牛排**，請他多切了幾塊呢？【3】
3. 肉販丙又多切了一些**牛排**，現在他有 7 **塊牛排**，請他多切了幾塊呢？【5】

第十一單元

◑ **教材：**

1. 四張寵物店老闆的畫卡

☼ 我要問你一些關於寵物店老闆的問題：

你曾去過寵物店嗎？什麼動物是你最常在寵物店中看到的呢？

大部分的店販賣小狗、小貓及熱帶魚，但有些店則賣不同的寵物。

下列我們要看的店主是賣青蛙及兔子。你認為你會喜歡養青蛙或兔子來當寵物嗎？

現在我們稱以下四位寵物店店主為老闆甲、乙、丙、丁。

〔一〕

（出示甲、乙二張畫卡）

1. 老闆甲有 5 **隻青蛙**，老闆乙有 1 **隻青蛙**。這些老闆共有幾隻**青蛙**呢？【6】
2. 老闆乙的**青蛙**比老闆甲的**青蛙**少了幾隻呢？【4】
3. 有個男孩買了 3 **隻青蛙**，那麼還剩幾隻**青蛙**呢？【3】

〔二〕

（出示甲、丙、丁三張畫卡）

1. 老闆丙有 3 **隻青蛙**，老闆甲有 5 **隻青蛙**，老闆丁有 5 **隻兔子**。這些老闆共有幾隻**青蛙**呢？【8】
2. 老闆丙比老闆甲少了幾隻**青蛙**呢？【2】
3. 老闆甲的**青蛙**比老闆丁的**兔子**少了幾隻呢？【0】

〔三〕

（出示甲、乙、丙三張畫卡）

1. 老闆乙有 1 **隻青蛙**，老闆丙有 3 **隻青蛙**，這些老闆共有幾隻**青蛙**呢？【4】
2. 老闆乙比老闆甲少了幾隻**青蛙**呢？【4】
3. 圖片中的三位老闆共有幾隻**青蛙**呢？【9】

〔四〕

（出示甲、乙、丙、丁四張畫卡）

1. 老闆乙有 1 **隻青蛙**，老闆甲有 5 **隻青蛙**，這些老闆共有幾隻**青蛙**呢？【6】
2. 老闆丁的**兔子**比另外三位老闆的**青蛙**少了幾隻呢？【4】
3. 老闆丁的**兔子**比老闆甲和乙的**青蛙**少了幾隻呢？【1】

〔五〕

（出示甲、丙、丁三張畫卡）

1. 老闆丁有 5 **隻兔子**，老闆丙有 3 **隻青蛙**，老闆甲有 5 **隻青蛙**。這些老闆共有幾隻**青蛙**呢？【8】
2. 假如總共需要 15 **隻青蛙**，請問還需再加幾隻呢？【7】
3. 假如有個女孩買了 5 **隻青蛙**，那麼還剩幾隻青蛙呢？【3】

〔六〕

（出示乙、丙、丁三張畫卡）

1. 老闆丙有 3 **隻青蛙**，老闆乙有 1 **隻青蛙**，老闆丁有 5 **隻兔子**。這些老闆共有幾隻**青蛙**呢？【4】
2. 老闆乙的**青蛙**比老闆丁賣的**兔子**少了幾隻呢？【4】
3. 老闆乙和老闆丙的**青蛙**比老闆丁的**兔子**少了幾隻呢？【1】

〔七〕

（出示甲、乙、丙三張畫卡）

1. 老闆甲有 5 **隻青蛙**，老闆乙有 1 **隻青蛙**，老闆丙有 3 **隻青蛙**。這些老闆共有幾隻**青蛙**呢？【9】
2. 老闆丙比老闆甲和乙少了幾隻**青蛙**呢？【3】
3. 老闆乙比老闆甲和丙少了幾隻**青蛙**呢？【7】

〔八〕

（出示甲、乙、丙、丁三張畫卡）

1. 老闆丙有 3 **隻青蛙**，老闆甲有 5 **隻青蛙**，老闆丁有 5 **隻兔子**。這些老闆共有幾隻**青蛙**呢？【8】
2. 假如老闆甲現在有 11 **隻青蛙**，那麼他多買了幾隻呢？【6】
3. 假如老闆丙現在有 7 **隻青蛙**，那麼他多買了幾隻呢？【4】

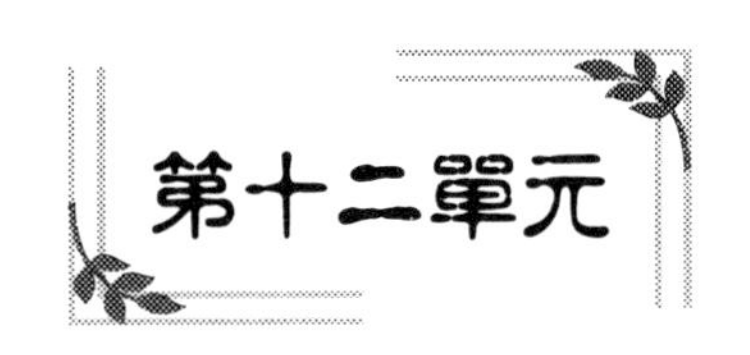

第十二單元

◑ 教材：

1. 二張雜貨商及二張送貨員的故事板（胖雜貨商、瘦雜貨商、胖送貨員、瘦送貨員）

2. 各種水果的卡片組（黃蘋果、綠蘋果、黃香蕉、綠香蕉）

☼ 現在我們有二位雜貨商及一位送貨員，你看他們今天有多少水果呢？

黃蘋果	黃蘋果	黃蘋果	黃蘋果	綠香蕉
胖雜貨商				
綠香蕉	綠香蕉	綠香蕉	綠蘋果	黃香蕉

黃蘋果	黃蘋果	黃蘋果	綠香蕉	綠香蕉
瘦雜貨商				
綠香蕉	綠蘋果	綠蘋果	綠蘋果	黃香蕉

黃蘋果	黃蘋果	綠香蕉	綠香蕉	黃香蕉
胖送貨員				
黃香蕉	黃香蕉	黃香蕉	綠蘋果	綠蘋果

〔一〕

1. 我們來算算看，

   ⑴ 這二位雜貨商共有多少個**蘋果**呢？【11】

   ⑵ 這些胖先生共有多少個**蘋果**呢？【9】

   ⑶ 這些人總共有多少個**蘋果**呢？【15】

   ⑷ 這二位雜貨商共有多少個**黃色水果**呢？【9】

   ⑸ 這些胖先生共有多少個**黃色水果**呢？【11】

   ⑹ 這些人總共有多少個**黃色水果**呢？【15】

2. 我們來算算看，

   ⑴ 這二位雜貨商共有多少根**香蕉**呢？【9】

   ⑵ 這些胖先生共有多少根**香蕉**呢？【11】

   ⑶ 這些人總共有多少根**香蕉**呢？【15】

   ⑷ 這二位雜貨商共有多少個**綠色水果**呢？【11】

   ⑸ 這些胖先生共有多少個**綠色水果**呢？【9】

   ⑹ 這些人總共有多少個**綠色水果**呢？【15】

3. 我們來算算看，

   ⑴ 這二位雜貨商共有多少個**水果**呢？【20】

   ⑵ 這些胖先生共有多少個**水果**呢？【20】

   ⑶ 這些人總共有多少個**水果**呢？【30】

〔二〕

1. 比比看，是胖的人還是瘦的人有較多的**綠香蕉**呢？【胖的人】
   多出幾個呢？【3】

2. 比比看，是胖的人還是瘦的人有較多的**黃色水果**呢？【胖的人】
   多出幾個呢？【7】

〔三〕

1. 看看瘦雜貨商的**蘋果**，再看看胖送貨員的**蘋果**，哪一個比較多呢？
   【瘦雜貨商】
   多出幾個呢？【2】
2. 看看瘦雜貨商的**黃蘋果**，再看看胖送貨員的**黃蘋果**，哪一個比較多呢？【瘦雜貨商】
   多出幾個呢？【1】
3. 看看瘦雜貨商的**綠色水果**，再看看胖送貨員的**香蕉**，哪一個的比較多呢？【一樣】
   多出幾個呢？【0】

☼ 胖送貨員已經送完貨了，但瘦送貨員仍有訂單要去送。

黃蘋果	黃蘋果	綠香蕉	黃香蕉	黃香蕉
		胖雜貨商		
黃香蕉	黃香蕉	綠蘋果	綠蘋果	綠蘋果

黃蘋果	黃蘋果	黃蘋果	黃蘋果	綠香蕉
		瘦送貨員		
綠香蕉	黃香蕉	黃香蕉	綠蘋果	綠蘋果

黃蘋果	綠香蕉	綠香蕉	綠香蕉	綠香蕉
		瘦雜貨商		
黃香蕉	黃香蕉	黃香蕉	綠蘋果	綠蘋果

〔四〕

1. 請算算看，
   (1) 這兩位雜貨商共有多少個**蘋果**呢？【8】
   (2) 這些瘦先生共有多少個**蘋果**呢？【9】
2. 請算算看，
   (1) 這兩位雜貨商共有多少根**香蕉**呢？【12】
   (2) 這些瘦先生共有多少根**香蕉**呢？【11】
3. 請算算看，
   (1) 這兩位雜貨商共有多少個**綠色水果**呢？【10】
   (2) 這些瘦先生共有多少個**綠色水果**呢？【10】
4. 請算算看，
   (1) 這兩位雜貨商共有多少個**黃色水果**呢？【10】
   (2) 這些瘦先生共有多少個**黃色水果**呢？【10】
5. 請算算看，
   (1) 這兩位雜貨商共有多少個**水果**呢？【20】
   (2) 這些瘦先生共有多少個**水果**呢？【20】

〔五〕

1. 看看瘦先生的**黃蘋果**，再看胖先生的**黃蘋果**，哪一個比較多呢？
   【瘦先生】
   多出多少呢？【3】
2. 看看雜貨商的**香蕉**，再看送貨員的**香蕉**，哪一個比較多呢？
   【雜貨商】
   多出多少呢？【8】
3. 看看胖先生的**綠色水果**，再看瘦先生的**綠色水果**，哪一個比較多呢？

【瘦先生】

多出多少呢？【6】

4. 看看送貨員的**蘋果**，再看雜貨商的**黃色水果**，哪一個比較多呢？

【雜貨商】

多出多少呢？【4】

5. 看看瘦先生的**綠香蕉**，再看雜貨商的**綠香蕉**，哪一個比較多呢？

【瘦先生】

多出多少呢？【1】

※ 以下是二位送貨員和一位胖雜貨商接到的訂貨單，而送貨員中一位是胖的，另一位是瘦的。

黃蘋果	綠香蕉	綠香蕉	綠蘋果	綠蘋果
瘦送貨員				
綠蘋果	綠蘋果	綠蘋果	黃香蕉	黃香蕉

黃蘋果	黃蘋果	黃蘋果	黃蘋果	黃蘋果
胖送貨員				
綠香蕉	綠蘋果	綠蘋果	黃香蕉	黃香蕉

黃蘋果	黃蘋果	綠香蕉	綠香蕉	綠香蕉
胖雜貨商				
綠香蕉	綠蘋果	黃香蕉	黃香蕉	黃香蕉

〔六〕

1. 我們來算算看，

(1) 這些送貨員共有多少個**蘋果**呢？【13】

(2) 這些胖先生共有多少個**蘋果**呢？【10】

2. 我們來算算看，

(1) 這些送貨員共有多少根**香蕉**呢？【7】

(2) 這些胖先生共有多少根**香蕉**呢？【10】

3. 我們來算算看，

(1) 這些送貨員共有多少個**黃色水果**呢？【10】

(2) 這些胖先生共有多少個**黃色水果**呢？【12】

4. 我們來算算看，

(1) 這些送貨員共有多少個**綠色水果**呢？【10】

(2) 這些胖先生共有多少個**綠色水果**呢？【8】

5. 我們來算算看，

(1) 這些送貨員共有多少個**水果**呢？【20】

(2) 這些胖先生共有多少個**水果**呢？【20】

〔七〕

1. 這些人共有多少個**綠蘋果**和**黃香蕉**呢？【15】
2. 這些人共有多少個**黃蘋果**和**綠香蕉**呢？【15】

〔八〕

1. 這些人共有多少個**不是香蕉的水果**呢？【16】
2. 這些人共有多少個**不是黃色的水果**呢？【15】

〔九〕

1. 看看瘦送貨員的**黃香蕉**，再看看胖先生的**黃香蕉**，哪一邊比較少呢？

【瘦送貨員】

少了多少呢？【3】

2. 看看送貨員的**蘋果**，再看看雜貨商的**蘋果**，哪一邊比較少呢？

【雜貨商】

少了多少呢？【10】

3. 看看胖先生的**黃色水果**，再看看瘦送貨員的**黃色水果**，哪一邊比較少呢？【瘦送貨員】

少了多少呢？【9】

4. 看看雜貨商的**香蕉**，再看看送貨員的**黃色水果**，哪一邊比較少呢？

【雜貨商】

少了多少呢？【3】

5. 看看胖先生的**綠色水果**，再看看送貨員的**綠色水果**，哪一邊比較少呢？【胖先生】

少了多少呢？【2】

☼ 胖送貨員、瘦送貨員與瘦雜貨商要買進一些水果。

以下是他們的水果訂單：

黃蘋果	黃蘋果	黃蘋果	黃蘋果	黃蘋果
		瘦送貨員		
黃蘋果	綠香蕉	綠蘋果	綠蘋果	黃香蕉

綠香蕉	黃香蕉	黃香蕉	黃香蕉	黃香蕉
		瘦雜貨商		
黃蘋果	綠香蕉	綠蘋果	綠蘋果	黃香蕉

黃蘋果	黃蘋果	黃蘋果	綠香蕉	綠香蕉
		胖送貨員		
綠蘋果	綠蘋果	黃香蕉	黃香蕉	黃香蕉

〔十〕

1. 這些人共有多少個**不是蘋果的水果**呢？【14】
2. 這些人共有多少個**不是綠色的水果**呢？【19】

〔十一〕

1. 這些人共有多少個**綠香蕉**和**黃蘋果**呢？【15】
2. 這些人共有多少個**黃香蕉**和**綠蘋果**呢？【15】

〔十二〕

1. 看看胖先生的**綠蘋果**，再看看瘦先生的**綠蘋果**，哪一邊比較少呢？
   【胖先生】
   少了多少個呢？【2】
2. 看看送貨員的**香蕉**，再看看雜貨商的**香蕉**，哪一邊比較少呢？
   【一樣】
   少了多少個呢？【0】
3. 看看瘦先生的**綠色水果**，再看看胖先生的**綠色水果**，哪一邊比較少呢？【胖先生】
   少了多少個呢？【3】
4. 看看雜貨商的**蘋果**，再看看送貨員的**黃色水果**，哪一邊比較少呢？
   【雜貨商】
   少了多少個呢？【10】
5. 看看送貨員的**蘋果**，再看看瘦先生的**蘋果**，哪一邊比較少呢？【瘦先生】
   少了多少個呢？【2】

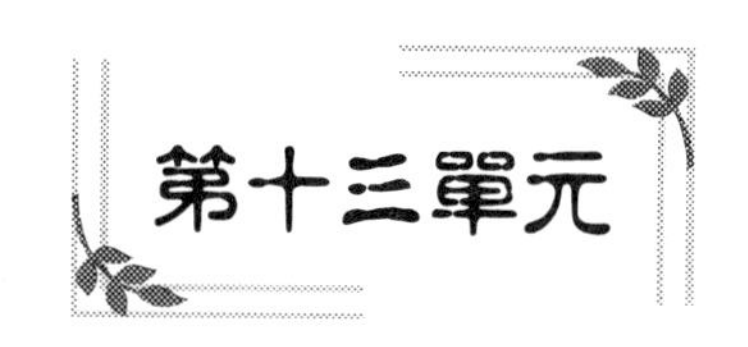

第十三單元

◑ 教材：

1. 二張技工及二張木匠的故事板（老技工、年輕技工、老木匠、年輕木匠）
2. 各種工具的卡片組（大螺絲起子、小螺絲起子、大鎯頭、小鎯頭）

☼ 你曾經和你的爸爸、媽媽一起把家裡壞了的東西送去修嗎？現在我們來講二個技工及一位老木匠的事，他們分別擁有一些工具：

大螺絲起子	大螺絲起子	小螺絲起子	小螺絲起子	小螺絲起子
年輕技工				
小螺絲起子	小鎯頭	大鎯頭	大鎯頭	大鎯頭

大鎯頭	大鎯頭	大鎯頭	大鎯頭	小螺絲起子
老技工				
小螺絲起子	小鎯頭	大螺絲起子	大螺絲起子	大螺絲起子

大螺絲起子	大螺絲起子	大螺絲起子	大螺絲起子	小螺絲起子
老木匠				
小鎯頭	小鎯頭	小鎯頭	小鎯頭	小鎯頭

〔一〕

1. 我們來算算看，

   ⑴ 技工們共有多少支**螺絲起子**呢？【11】

   ⑵ 老工人們共有多少支**螺絲起子**呢？【10】

   ⑶ 這些人共有多少件**大工具**呢？【16】

   ⑷ 技工們共有多少件**大工具**呢？【12】

   ⑸ 老工人們共有多少件**大工具**呢？【11】

   ⑹ 工人們共有多少件**大工具**呢？【16】

2. 我們來算算看，

   ⑴ 技工們共有多少支**鎯頭**呢？【9】

   ⑵ 老工人們共有多少支**鎯頭**呢？【10】

   ⑶ 這些人共有多少件**小工具**呢？【14】

   ⑷ 技工們共有多少件**小工具**呢？【8】

   ⑸ 老工人們共有多少件**小工具**呢？【9】

   ⑹ 工人們共有多少件**小工具**呢？【14】

3. 我們來算算看，

   ⑴ 技工們共有多少件**工具**呢？【20】

   ⑵ 老工人們共有多少件**工具**呢？【20】

   ⑶ 這些人共有多少件**工具**呢？【30】

   ⑷ 技工們共有多少件**工具**呢？【20】

   ⑸ 老工人們共有多少件**工具**呢？【20】

   ⑹ 工人們共有多少件**工具**呢？【30】

〔二〕

1. 比比看年輕工人和老工人，哪一個有較多的**大鎯頭**呢？【老工人】

多出幾支呢？【1】

2. 比比看年輕工人和老工人，哪一個有較多的**鎯頭**呢？【老工人】

   多出幾支呢？【6】

3. 比比看年輕工人和老工人，哪一個有較多的**小工具**呢？【老工人】

   多出幾件呢？【4】

〔三〕

1. 看看技工的**大工具**，再看看木匠的**鎯頭**，誰的工具比較多呢？

   【技工】

   多出幾件呢？【7】

2. 看看老工人的**鎯頭**，再看看技工的**大工具**，誰的工具比較多呢？

   【技工】

   多出幾件呢？【2】

☼ 木匠的任務是蓋房子，現在我們看到技工們和年輕的木匠，他們各有不同數量的工具：

大鎯頭	大鎯頭	小鎯頭	小鎯頭	小鎯頭
老技工				
小鎯頭	小鎯頭	小螺絲起子	大螺絲起子	大螺絲起子

大螺絲起子	大螺絲起子	大螺絲起子	大螺絲起子	小螺絲起子
年輕木匠				
小螺絲起子	小螺絲起子	大鎯頭	大鎯頭	小鎯頭

大鎯頭	大鎯頭	大鎯頭	小鎯頭	小鎯頭
年輕技工				
小鎯頭	小螺絲起子	小螺絲起子	大螺絲起子	大螺絲起子

〔四〕

1. 請算算看，

   ⑴ 年輕工人們有多少支**鎯頭**呢？【9】

   ⑵ 這些人共有多少支**鎯頭**呢？【16】

2. 請算算看，

   ⑴ 年輕工人們有多少支**螺絲起子**呢？【11】

   ⑵ 這些人共有多少支**螺絲起子**呢？【14】

3. 請算算看，

   ⑴ 年輕工人們有多少件**大工具**呢？【11】

   ⑵ 這些人共有多少件**大工具**呢？【15】

4. 請算算看，

   ⑴ 年輕工人們有多少件**小工具**呢？【9】

   ⑵ 這些人共有多少件**小工具**呢？【15】

5. 請算算看，

   ⑴ 年輕工人們有多少件**工具**呢？【20】

   ⑵ 這些人共有多少件**工具**呢？【30】

〔五〕

1. 看看年輕工人們的**小螺絲起子**，再看看老工人的**小螺絲起子**，誰的比較多呢？【年輕工人們】

   多出幾支呢？【4】

2. 看看木匠的**螺絲起子**，再看看技工們的**螺絲起子**，誰的比較多呢？【一樣】

   多出幾支呢？【0】

3. 看看老工人的**大工具**，再看看年輕工人們的**大工具**，誰的比較多呢？

【年輕工人們】

多出幾件呢？【7】

4. 看看技工們的**小工具**，再看看木匠的**螺絲起子**，誰的比較多呢？

【技工們】

多出幾件呢？【4】

5. 看看技工們的**小螺絲起子**，再看看年輕工人們的**小螺絲起子**，誰的比較多呢？【年輕工人們】

多出幾支呢？【2】

☼ 這次，我們將去拜訪二個木匠及一個老技工，你可以告訴我，除了鎯頭及螺絲起子之外，木匠還需要什麼工具嗎？現在我們來看看他們使用的工具：

大鎯頭	大鎯頭	大鎯頭	小鎯頭	小鎯頭
年輕木匠				
小鎯頭	大螺絲起子	大螺絲起子	小螺絲起子	小螺絲起子

大鎯頭	大鎯頭	大鎯頭	小鎯頭	小鎯頭
老木匠				
小鎯頭	大螺絲起子	大螺絲起子	大螺絲起子	小螺絲起子

小螺絲起子	小螺絲起子	小螺絲起子	小螺絲起子	大螺絲起子
老技工				
大螺絲起子	大螺絲起子	小鎯頭	大鎯頭	大鎯頭

〔六〕

1. 我們來算算看，

(1) 木匠們共有多少支**鎯頭**呢？【12】

(2) 這些工人共有多少支**鎯頭**呢？【15】

2. 我們來算算看，

(1) 木匠們共有多少支**螺絲起子**呢？【8】

(2) 這些工人共有多少支**螺絲起子**呢？【15】

3. 我們來算算看，

(1) 木匠們共有多少件**大工具**呢？【11】

(2) 這些工人共有多少件**大工具**呢？【16】

4. 我們來算算看，

(1) 木匠們共有多少件**小工具**呢？【9】

(2) 這些工人共有多少件**小工具**呢？【14】

5. 我們來算算看，

(1) 木匠們共有多少件**工具**呢？【20】

(2) 這些工人共有多少件**工具**呢？【30】

〔七〕

1. 木匠們共有多少件**不是螺絲起子的工具**？【12】
2. 木匠們共有多少件**不是小的工具**？【11】

〔八〕

1. 工人們的**大鎯頭**和**小螺絲起子**合起來共有多少支呢？【15】
2. 工人們的**小鎯頭**和**大螺絲起子**合起來共有多少支呢？【15】

〔九〕

1. 看看老工人們的**螺絲起子**，再看看年輕工人的**螺絲起子**，誰的比較少

呢？【年輕工人的】

少了多少支呢？【7】

2. 看看技工的的**鎯頭**，再看看木匠們的**鎯頭**，誰的比較少呢？
【技工的】
少了多少支呢？【9】

3. 看看年輕工人的**小工具**，再看看老工人們的**小工具**，誰的比較少呢？
【年輕工人的】
少了多少件呢？【4】

4. 看看木匠們的**螺絲起子**，再看看技工們的**大工具**，誰的比較少呢？
【技工的】
少了多少件呢？【3】

5. 看看老工人們的**鎯頭**，再看看木匠們的**鎯頭**，誰的比較少呢？
【老工人們的】
少了多少支呢？【3】

☼ 你認識木匠或技工嗎？他們是年輕或年老的呢？現在，我們將要談論到木匠們及年輕的技工：

大鎯頭	大鎯頭	大鎯頭	小螺絲起子	小螺絲起子
老木匠				
大螺絲起子	大螺絲起子	小鎯頭	小鎯頭	小鎯頭

大鎯頭	大鎯頭	小鎯頭	小螺絲起子	小螺絲起子
年輕技工				
大螺絲起子	大螺絲起子	大螺絲起子	大螺絲起子	大螺絲起子

大鎯頭	大鎯頭	大鎯頭	大鎯頭	小鎯頭
年輕木匠				
大螺絲起子	大螺絲起子	小螺絲起子	小鎯頭	小鎯頭

〔十〕

1. 木匠們有多少件**不是鎯頭的工具**？【7】
2. 木匠們有多少件**不是大的工具**？【9】

〔十一〕

1. 工人們的**小鎯頭**和**大螺絲起子**合起來共有多少支呢？【16】
2. 工人們的**大鎯頭**和**小螺絲起子**合起來共有多少支呢？【14】

〔十二〕

1. 看看老工人的**鎯頭**，再看看年輕工人們的**鎯頭**，誰的比較少呢？
   【老工人】
   少了幾支呢？【4】
2. 看看木匠們的**螺絲起子**，再看看技工的**螺絲起子**，誰的比較少呢？
   【一樣】
   少了幾支呢？【0】
3. 看看老工人的**小工具**，再看看年輕工人們的**大工具**，誰的比較少呢？
   【老工人】
   少了幾件呢？【8】
4. 看看木匠們的**鎯頭**，再看看技工的**小工具**，誰的比較少呢？【技工】
   少了幾件呢？【10】
5. 看看木匠們的**螺絲起子**，再看看年輕工人們的**螺絲起子**，誰的比較少呢？【木匠】
   少了幾支呢？【3】

◑ 教材：

1. 老師們的故事板（高的男老師、矮的男老師、高的女老師、矮的女老師）

2. 各種書籍的卡片組（藍色薄書、藍色厚書、紅色薄書、紅色厚書）

☼ 矮個子的老師們及高個子的男老師正為課程做準備，因為今天他們有個考試：

藍色薄書	藍色薄書	藍色薄書	藍色薄書	紅色薄書
高的男老師				
紅色薄書	藍色厚書	藍色厚書	紅色厚書	紅色厚書

藍色薄書	藍色薄書	藍色薄書	紅色薄書	紅色薄書
矮的男老師				
紅色薄書	紅色薄書	藍色厚書	紅色厚書	紅色厚書

藍色薄書	紅色厚書	紅色厚書	紅色厚書	紅色厚書
矮的女老師				
紅色薄書	紅色薄書	藍色厚書	藍色厚書	藍色厚書

〔一〕

1. 我們一起來算算看，

 ⑴ 男老師們共有多少本**藍**書呢？【10】

 ⑵ 矮的老師們共有多少本**藍**書呢？【8】

 ⑶ 老師們共有多少本**藍**書呢？【14】

 ⑷ 男老師們共有多少本**薄**書呢？【13】

 ⑸ 矮的老師們共有多少本**薄**書呢？【10】

 ⑹ 老師們共有多少本**薄**書呢？【16】

2. 我們再來算算看，

 ⑴ 男老師們共有多少本**紅**書呢？【10】

 ⑵ 矮的老師們共有多少本**紅**書呢？【12】

 ⑶ 老師們共有多少本**紅**書呢？【16】

 ⑷ 男老師們共有多少本**厚**書呢？【7】

 ⑸ 矮的老師們共有多少本**厚**書呢？【10】

 ⑹ 老師們共有多少本**厚**書呢？【14】

3. 我們再來算算看，

 ⑴ 男老師們共有多少本書呢？【20】

 ⑵ 矮的老師們共有多少本書呢？【20】

 ⑶ 老師們共有多少本書呢？【30】

〔二〕

1. 比比看，是男老師們或女老師的**紅色厚書**比較多呢？【一樣】

 多出幾本呢？【0】

2. 比比看，是男老師們或女老師的**厚書**比較多呢？【一樣】

 多出幾本呢？【0】

3. 比比看，男老師們或是女老師的**藍書**較多呢？【男老師】
   多出幾本呢？【6】

〔三〕

1. 看看男老師們的**紅書**，再看看女老師的**厚書**，誰的比較多呢？
   【男老師們】
   多出幾本呢？【3】
2. 看看矮的老師們的**藍色薄書**，再看看男老師們的**藍色薄書**，誰的比較多呢？【男老師們】
   多出幾本呢？【3】

☼ 現在我們看到高個子的老師們及矮個子的男老師，他們正在走廊討論他們所買的書：

藍色薄書	藍色薄書	藍色薄書	紅色薄書	紅色薄書
矮的男老師				
紅色厚書	紅色厚書	藍色厚書	藍色厚書	藍色厚書

藍色薄書	紅色薄書	紅色薄書	紅色薄書	紅色薄書
高的女老師				
紅色厚書	紅色厚書	紅色厚書	藍色厚書	藍色厚書

藍色薄書	藍色薄書	紅色薄書	紅色薄書	紅色薄書
高的男老師				
紅色厚書	紅色厚書	紅色厚書	紅色厚書	藍色厚書

〔四〕

1. 高的老師們共有多少本**紅**書呢？【14】
   老師們共有多少本**紅**書呢？【18】
2. 高的老師們共有多少本**藍**書呢？【6】
   老師們共有多少本**藍**書呢？【12】
3. 高的老師們共有多少本**薄**書呢？【10】
   老師們共有多少本**薄**書呢？【15】
4. 高的老師們共有多少本**厚**書呢？【10】
   老師們共有多少本**厚**書呢？【15】
5. 高的老師們共有多少本書呢？【20】
   老師們共有多少本書呢？【30】

〔五〕

1. 看看高個子老師們的**藍色薄**書，再看看矮個子老師的**藍色薄**書，哪一邊的本數比較多呢？【一樣】
   多出幾本呢？【0】
2. 看看女老師的**薄**書，再看看男老師們的**薄**書，哪一邊的本數比較多呢？【男老師】
   多出幾本呢？【5】
3. 看看矮個子老師的**紅**書，再看看高個子老師們的**紅**書，哪一邊的本數比較多呢？【高個子老師】
   多出幾本呢？【10】
4. 看看男老師們的**藍**書，再看看女老師的**薄**書，哪一邊的本數比較多呢？【男老師】
   多出幾本呢？【4】

5. 看看男老師們的**紅色厚書**，再看看高個子老師們的**紅色厚書**，哪一邊的本數比較多呢？【高個子老師】

多出幾本呢？【1】

☼ 你喜歡在假日讀書嗎？現在我們可以看到矮個子老師及高個子女老師在假日讀書的情形：

藍色厚書	藍色厚書	藍色厚書	藍色厚書	藍色厚書
高的女老師				
紅色厚書	紅色厚書	紅色薄書	紅色薄書	藍色薄書

藍色厚書	藍色厚書	紅色厚書	紅色厚書	紅色厚書
矮的女老師				
紅色厚書	藍色薄書	藍色薄書	藍色薄書	紅色薄書

紅色薄書	紅色薄書	紅色厚書	藍色厚書	藍色厚書
矮的男老師				
紅色厚書	紅色厚書	紅色厚書	藍色薄書	藍色薄書

〔六〕

1. 我們來算算看，

   ⑴ 女老師們共讀了多少本**紅書**呢？【9】

   ⑵ 老師們共讀了多少本**紅書**呢？【15】

2. 我們來算算看，

   ⑴ 女老師們共讀了多少本**藍書**呢？【11】

   ⑵ 老師們共讀了多少本**藍書**呢？【15】

3. 我們來算算看，

(1) 女老師們共讀了多少本**薄書**呢？【7】

(2) 老師們共讀了多少本**薄書**呢？【11】

4. 我們來算算看，

(1) 女老師們共讀了多少本**厚書**呢？【13】

(2) 老師們共讀了多少本**厚書**呢？【19】

5. 我們來算算看，

(1) 女老師們共讀了多少本**書**呢？【20】

(2) 老師們共讀了多少本**書**呢？【30】

〔七〕

1. 女老師們讀了多少本**不是薄的書**呢？【13】
2. 女老師們讀了多少本**不是藍色的書**呢？【9】

〔八〕

1. 老師們讀了多少本**紅色厚書**和**藍色薄書**呢？【16】
2. 老師們讀了多少本**紅色薄書**和**藍色厚書**呢？【14】

〔九〕

1. 看看矮個子老師們讀的**薄書**，再看看高個子老師讀的**薄書**，哪一邊的本數比較少呢？【高個子老師】

   少了幾本呢？【5】
2. 看看女老師們讀的**厚書**，再看看男老師讀的**厚書**，哪一邊的本數比較少呢？【男老師】

   少了幾本呢？【5】
3. 看看高個子老師讀的**藍書**，再看看矮個子老師們讀的**藍書**，哪一邊的

本數比較少呢？【高個子老師】

少了幾本呢？【3】

4. 看看男老師讀的**紅書**，再看看女老師們讀的**厚書**，哪一邊的本數比較少呢？【男老師】

少了幾本？【7】

5. 看看女老師們讀的**藍書**，再看看矮個子老師們讀的**藍書**，哪一邊的本數比較少呢？【矮個子老師】

少了幾本呢？【2】

☼ 你喜歡閱讀嗎？現在我看到高個子的老師們和矮個子的女老師，他們正在準備下一堂閱讀課要用的書：

紅色厚書	紅色厚書	紅色厚書	紅色厚書	藍色厚書
矮的女老師				
藍色薄書	藍色薄書	藍色薄書	藍色薄書	紅色薄書

紅色厚書	紅色厚書	藍色厚書	藍色厚書	藍色厚書
高的男老師				
藍色薄書	紅色薄書	紅色薄書	紅色薄書	紅色薄書

紅色厚書	紅色厚書	紅色厚書	藍色厚書	藍色厚書
高的女老師				
藍色薄書	藍色薄書	藍色薄書	紅色薄書	紅色薄書

〔十〕

1. 女老師們共有多少本**不是厚的書**呢？【10】

2. 女老師們共有多少本**不是紅色的書**呢？【10】

〔十一〕

1. 老師們共有多少本**藍色厚書**和**紅色薄書**呢？【13】
2. 老師們共有多少本**藍色薄書**和**紅色厚書**呢？【17】

〔十二〕

1. 看看矮個子老師的**藍色厚書**，再看看高個子老師們的**藍色厚書**，哪一邊的本數比較少呢？【矮個子老師】
   少了幾本呢？【4】
2. 看看女老師們的**薄書**，再看看男老師的**薄書**，哪一邊的本數比較少呢？【男老師】
   少了幾本呢？【5】
3. 看看矮個子老師的**紅書**，再看看高個子老師們的**紅書**，哪一邊的本數比較少呢？【矮個子老師】
   少了幾本呢？【6】
4. 看看女老師們的**薄書**，再看看男老師的**藍書**，哪一邊的本數比較少呢？【男老師】
   少了幾本呢？【6】
5. 看看女老師們的**紅書**，再看看高個子老師們的**紅書**，哪一邊的本數比較少呢？【女老師】
   少了幾本呢？【1】

◑ 教材：

1. 各種面額的錢幣（1 元、5 元、10 元硬幣，50 元、100 元紙幣）

2. 價目表

☼ 許多學校都有合作社，小朋友在那兒可以買午餐或小點心。我們的學校中有合作社嗎？有些合作社供應午餐，你知道什麼是午餐嗎？有漢堡、三明治或便當等。今天，我們來辦自己的合作社，聽起來很棒吧！你會不會覺得有點餓了呢？

我們賣各種三明治、小點心及一些飲料，你們其中一個可以當顧客，另一個可以當店員（可以把學生分成二人一組的各小組）。

下面是我們的合作社中，所賣貨物的價目表：

馬鈴薯片	10 元	奶油花生加果醬三明治	25 元
牛奶	10 元	沙拉蛋三明治	20 元
汽水	15 元	起司三明治	15 元
蘋果	10 元	義大利香腸三明治	35 元
冰淇淋	15 元	鮪魚三明治	30 元
小蛋糕	5 元		

老師給要購物的小朋友 100 元紙幣、50 元紙幣，及 10 元、5 元、1 元硬幣各若干。

教學步驟　要扮演顧客的學生先算出多少錢→付給扮演店員的學生（檢驗錢數是否正確）→要求店員說出顧客付了多少錢並入帳。

〔一〕

1. 假如你要買一瓶牛奶、一個小蛋糕及一個蘋果，你需要多少錢呢？【25 元】

〔二〕

1. 假如你要買一瓶牛奶、一個加蛋的沙拉三明治及一個冰淇淋，你需要多少錢呢？【45 元】

〔三〕

1. 假如你要買一瓶汽水、一個義大利香腸三明治及一個蘋果，你需要多少錢呢？【60 元】

〔四〕

1. 假如你要買一瓶牛奶、一袋馬鈴薯片及一份鮪魚三明治，你需要多少錢呢？【50 元】

〔五〕

1. 假如你要買一瓶汽水、一袋馬鈴薯片、一份冰淇淋及小蛋糕，你需要多少錢呢？【45 元】

〔六〕

1. 假如你要買**一個加蛋的沙拉三明治**、**一瓶牛奶**及**一個蘋果**，你需要多少錢呢？【40 元】

〔七〕

1. 假如你要買**一個加蛋的沙拉三明治**、**一個起司三明治**、**一瓶牛奶**及**一份冰淇淋**，你需要多少錢呢？【60 元】

〔八〕

1. 假如你要買**一份奶油花生加果醬三明治**、**一個鮪魚三明治**、**一瓶牛奶**及**一份冰淇淋**，你需要多少錢呢？【80 元】

〔九〕

1. 假如你要買**一瓶汽水**、**一份鮪魚三明治**及**一份冰淇淋**，你需要多少錢呢？【60】

〔十〕

1. 假如你要買一份**比較便宜的飲料**、**小點心**和**三明治**，你會買什麼呢？【一瓶牛奶、一份小蛋糕和一份起司三明治】
2. 一共需要多少錢呢？【30 元】

◑ 教材：

1. 四張推銷員的畫卡

☼ 你知道什麼是家電用品嗎？它是可以幫我們做家事的用品，例如：爐子、洗碗機、電冰箱、冷凍櫃或小的家電用品，如：烤麵包機、開罐器、攪拌器等，大多數的家電用品是要用電的。現在有甲、乙、丙、丁四位推銷員負責推銷物品。

〔一〕

（出示甲、乙二張畫卡）

1. 推銷員甲有 3 **個烤麵包機**，推銷員乙有 5 **個電動開罐器**。這些推銷員共有幾件家電用品呢？【8】
2. 推銷員乙比推銷員甲多出幾件用品呢？【2】
3. 推銷員甲走到倉庫又取來 3 **個烤麵包機**，那麼兩人共有多少件家電用品呢？【11】

〔二〕

（出示乙、丙、丁三張畫卡）

1. 推銷員乙有 5 **個電動開罐器**，推銷員丙有 2 **個烤麵包機**，推銷員丁有

3 **件襯衫**。這些推銷員共有多少件家電用品呢？【7】

2. 推銷員乙比推銷員丙多出幾件家電用品呢？【3】
3. 推銷員乙的家電用品比推銷員丁的**襯衫**多出多少件呢？【2】

〔三〕

（出示甲、乙、丙三張畫卡）

1. 推銷員乙有 5 **個電動開罐器**，推銷員甲有 3 **個烤麵包機**。這些推銷員共有多少件家電用品呢？【8】
2. 圖片中的推銷員共有多少件家電用品呢？【10】
3. 圖片中的推銷員共有幾件不是電動開罐器的家電用品呢？【5】

〔四〕

（出示甲、乙、丙、丁四張畫卡）

1. 推銷員丙有 2 **個烤麵包機**，推銷員乙有 5 **個電動開罐器**。這二位推銷員共有多少件家電用品呢？【7】
2. 圖片中的推銷員的家電用品比**襯衫**多出幾件呢？【7】
3. 圖片中的推銷員的非電動開罐器的家電用品比**襯衫**多出多少呢？【2】

〔五〕

（出示乙、丙、丁三張畫卡）

1. 推銷員乙有 5 **個電動開罐器**，推銷員丙有 2 **個烤麵包機**，推銷員丁有 3 **件襯衫**。這三位推銷員共有多少件家電用品呢？【7】
2. 如果要 14 件家電用品，還需再加幾件家電用品呢？【7】
3. 推銷員乙賣了 2 **個電動開罐器**，那麼三位推銷員還剩下多少件家電用品呢？【5】

〔六〕

（出示甲、乙、丁三張畫卡）

1. 推銷員甲有 3 **個烤麵包機**，推銷員丁有 3 **件襯衫**，推銷員乙有 5 **個電動開罐器**。這些推銷員們共有多少件家電用品呢？【8】
2. 推銷員甲的烤麵包機比推銷員丁的**襯衫**多出幾件呢？【0】
3. 三位推銷員的家電用品比**襯衫**多出幾件呢？【5】

〔七〕

（出示甲、乙、丙、丁四張畫卡）

1. 推銷員丁有 3 **件襯衫**，推銷員丙有 2 **個烤麵包機**，推銷員乙有 5 **個電動開罐器**。這三位推銷員共有多少件家電用品呢？【7】
2. 推銷員乙及推銷員丙比推銷員甲多出幾件家電用品呢？【4】
3. 推銷員甲及推銷員乙比推銷員丙多出幾件家電用品呢？【6】

〔八〕

（出示甲、乙、丙、丁四張畫卡）

1. 推銷員乙有 5 **個電動開罐器**，推銷員甲有 3 **個烤麵包機**，推銷員丁有 3 **件襯衫**。推銷員們共有多少件家電用品呢？【8】
2. 推銷員乙再找到了**一些電動開罐器**，現在四位推銷員共有 13 件家電用品，那麼推銷員乙到底又找到了幾件家電用品呢？【3】
3. 隔天，推銷員丙也多拿來了一些**烤麵包機**，現在圖中推銷員的**烤麵包機**比原先多出 4 個，那麼推銷員丙拿來了多少個**烤麵包機**呢？【4】

第十七單元

◑ **教材：**

1. 四張農夫的畫卡

☼ 今天我們將談一些關於農夫的事，這些農夫在他們的農場中養動物。過去養牛的農夫、養羊的農夫及種青菜的農夫經常有激烈的爭吵，但經過多次的討論與協商後，他們決定將所有的農場都圍在一起，如此一來每個人都可以各得其所。現在我們假設他們分別是農夫甲、農夫乙、農夫丙及農夫丁：

〔一〕

（出示甲、乙二張畫卡）

1. 農夫甲有 5 **頭牛**，農夫乙有 2 **隻羊**。這些農夫共有多少動物呢？【7】
2. 農夫乙比農夫甲少了多少動物呢？【3】
3. 假如農夫乙再為他的農場買了 4 **頭牛**，那麼農夫們共有多少動物呢？【11】

〔二〕

（出示乙、丙、丁三張畫卡）

1. 農夫乙有 2 **隻羊**，農夫丙有 4 **頭牛**，農夫丁有 4 **條小黃瓜**。這些農夫

共有多少動物呢？【6】

2. 農夫乙比農夫丙少了多少動物呢？【2】
3. 農夫乙的**羊**比農夫丁的**小黃瓜**少了多少呢？【2】

〔三〕

（出示甲、乙、丙三張畫卡）

1. 農夫乙有2**隻羊**，農夫甲有5**頭牛**，農夫丙有4**頭牛**。這些農夫共有多少頭牛呢？【9】
2. 圖中的農夫共有多少動物呢？【11】
3. 圖中的農夫共有多少隻**不是牛**的動物呢？【2】

〔四〕

（出示甲、乙、丙、丁四張畫卡）

1. 農夫丙有 4 **頭牛**，農夫乙有 2 **隻羊**。這二位農夫共有多少動物呢？【6】
2. 圖中的農夫共有的**牛**比**羊**多出多少呢？【7】
3. 圖中的農夫共有的**小黃瓜**比動物少了多少呢？【7】

〔五〕

（出示乙、丙、丁三張畫卡）

1. 農夫乙有2**隻羊**，農夫丙有4**頭牛**，農夫丁有4**條小黃瓜**。這些農夫共有多少動物呢？【6】
2. 假如農夫丙賣了3**頭牛**，那麼農夫們還有多少動物呢？【3】
3. 假如農夫丙賣了4隻動物，那麼農夫們還剩幾隻動物呢？【2】

〔六〕

（出示甲、乙、丁三張畫卡）

1. 農夫甲有 5 **頭牛**，農夫丁有 4 **條小黃瓜**，農夫乙有 2 **隻羊**。這些農夫共有多少動物呢？【7】
2. 農夫丁的**小黃瓜**比農夫甲的動物少了多少呢？【1】
3. **小黃瓜**比農場中的動物少了多少呢？【3】

〔七〕

（出示甲、乙、丙、丁四張畫卡）

1. 農夫丁有 4 **條小黃瓜**，農夫丙有 4 **頭牛**，農夫乙有 2 **隻羊**。這三位農夫共有多少動物呢？【6】
2. 農夫甲的動物比農夫乙和農夫丙的動物總和少了多少呢？【1】
3. 農夫丙的動物比農夫甲和農夫乙的動物總和少了多少呢？【3】

〔八〕

（出示甲、乙、丙、丁四張畫卡）

1. 農夫乙有 2 **隻羊**，農夫甲有 5 **頭牛**，農夫丁有 4 **條小黃瓜**。這三位農夫共有多少動物呢？【7】
2. 農夫甲收到另一批新**牛**，現在圖片中的農夫共有 15 隻動物，那麼農夫甲多收到幾頭**牛**呢？【4】
3. 隔天，農夫丙也收到另一批新**牛**，現在圖片中農夫的**羊**比**牛**少了 12 隻，那農夫丙收到幾頭**牛**呢？【5】

   （如果當成第 2 題的延續題，則答案為【1】）

第十八單元

◑ 教材：

1. 二張雜貨商及二張送貨員的故事板（胖雜貨商、瘦雜貨商、胖送貨員、瘦送貨員）

2. 各種水果的卡片組（黃香蕉、綠香蕉、黃蘋果、綠蘋果）

☼ 這是家忙碌的店，因為二個送貨員和雜貨商都在工作。人們正忙著談論他們的體重。你認為他們在說什麼？我猜胖的人可能正在告訴瘦的人，他們應該多吃點來增加體重，而瘦的人必定告訴胖的人，應該加入瘦身俱樂部。事實上，太胖或太瘦都不好。

以下我們來看看這些人有些什麼水果：

黃蘋果	黃蘋果	綠蘋果	綠蘋果	綠蘋果
		瘦送貨員		
綠蘋果	綠香蕉	綠香蕉	×	×

黃蘋果	黃蘋果	綠蘋果	綠蘋果	黃香蕉
		胖雜貨商		
黃香蕉	黃香蕉	綠香蕉	綠香蕉	綠香蕉

黃蘋果	黃蘋果	綠蘋果	綠蘋果	黃香蕉
		胖送貨員		
綠香蕉	綠香蕉	×	×	×

黃蘋果	黃香蕉	黃香蕉	黃香蕉	黃香蕉
		瘦雜貨商		
綠香蕉	綠香蕉	綠香蕉	黃香蕉	×

〔一〕

1. 讓我們來算算看，

⑴ 雜貨商們共有多少個**蘋果**呢？【5】

⑵ 送貨員們共有多少個**蘋果**呢？【10】

⑶ 所有的人共有多少個**蘋果**呢？【15】

⑷ 所有瘦的人共有多少個**蘋果**呢？【7】

⑸ 所有胖的人共有多少個**蘋果**呢？【8】

2. 讓我們來算算看，

⑴ 雜貨商們共有多少根**香蕉**呢？【14】

⑵ 送貨員們共有多少根**香蕉**呢？【5】

⑶ 所有的人共有多少根**香蕉**呢？【19】

⑷ 所有瘦的人共有多少根**香蕉**呢？【10】

⑸ 所有胖的人共有多少根**香蕉**呢？【9】

3. 讓我們來算算看，

⑴ 雜貨商們共有多少個**綠色水果**呢？【8】

⑵ 送貨員們共有多少個**綠色水果**呢？【10】

⑶ 所有的人共有多少個**綠色水果**呢？【18】

⑷ 所有瘦的人共有多少個**綠色水果**呢？【9】

⑸ 所有胖的人共有多少個**綠色水果**呢？【9】

4. 讓我們來算算看，

⑴ 雜貨商們共有多少個**黃色水果**呢？【11】

⑵ 送貨員們共有多少個**黃色水果**呢？【5】

⑶ 所有的人共有多少個**黃色水果**呢？【16】

⑷ 所有瘦的人共有多少個**黃色水果**呢？【8】

⑸ 所有胖的人共有多少個**黃色水果**呢？【8】

5. 讓我們來算算看，

⑴ 雜貨商們共有多少個**水果**呢？【19】

⑵ 送貨員們共有多少個**水果**呢？【15】

⑶ 所有的人共有多少個**水果**呢？【34】

⑷ 所有瘦的人共有多少個**水果**呢？【17】

⑸ 所有胖的人共有多少個**水果**呢？【17】

〔二〕

1. 看看瘦先生的**香蕉**，再看看胖先生的**香蕉**，哪一邊的個數比較多呢？【瘦先生】

   多出幾根呢？【1】

2. 看看送貨員的**黃色水果**，再看看雜貨商的**黃色水果**，哪一邊的個數比較多呢？【雜貨商】

   多出幾個呢？【6】

3. 看看雜貨商的**綠色水果**，再看看送貨員的**蘋果**，哪一邊的個數比較多呢？【送貨員】

   多出幾個呢？【2】

4. 看看瘦先生的**綠色水果**，再看看胖先生的**蘋果**，哪一邊的個數比較多呢？【瘦先生】

   多出幾個呢？【1】

5. 看看胖先生的**香蕉**，再看看雜貨商的**香蕉**，哪一邊的個數比較多呢？【雜貨商】

   多出幾根呢？【5】

☼ 現在讓我們再來看看雜貨商及送貨員添購了哪些水果：

黃蘋果	綠蘋果	綠蘋果	綠蘋果	綠香蕉
瘦雜貨商				
黃香蕉	黃香蕉	×	×	×

黃蘋果	黃蘋果	黃蘋果	黃蘋果	綠蘋果
胖雜貨商				
黃香蕉	黃香蕉	綠香蕉	綠香蕉	綠香蕉

綠蘋果	綠蘋果	綠蘋果	綠蘋果	×
瘦送貨員				
黃香蕉	黃香蕉	黃香蕉	綠香蕉	綠香蕉

綠香蕉	黃香蕉	黃香蕉	黃香蕉	黃香蕉
胖送貨員				
黃香蕉	黃香蕉	綠蘋果	綠蘋果	×

〔三〕

1. 我們來算算看，
   (1) 雜貨商共有多少個**蘋果**呢？【9】
   (2) 瘦先生共有多少個**蘋果**呢？【8】
2. 我們來算算看，
   (1) 雜貨商共有多少根**香蕉**呢？【8】
   (2) 瘦先生共有多少根**香蕉**呢？【8】
3. 我們來算算看，
   (1) 雜貨商共有多少個**黃色水果**呢？【9】
   (2) 瘦先生共有多少個**黃色水果**呢？【6】
4. 我們來算算看，

⑴ 雜貨商共有多少個**綠色水果**呢？【8】

⑵ 瘦先生共有多少個**綠色水果**呢？【10】

5. 我們來算算看，

⑴ 雜貨商共有多少個**水果**呢？【17】

⑵ 瘦先生共有多少個**水果**呢？【16】

〔四〕

1. 看看送貨員的**蘋果**，再看看雜貨商的**蘋果**。哪一邊的數目比較多呢？【雜貨商】

   多出幾個呢？【3】

2. 看看瘦先生的**綠色水果**，再看看胖先生的**綠色水果**。哪一邊的數目比較多呢？【瘦先生】

   多出幾個呢？【3】

3. 看看雜貨商的**黃色水果**，再看看送貨員的**蘋果**。哪一邊的數目比較多呢？【雜貨商】

   多出幾個呢？【3】

4. 看看瘦先生的**黃色水果**，再看看胖先生的**香蕉**。哪一邊的數目比較多呢？【胖先生】

   多出幾個呢？【6】

5. 看看送貨員的**綠色水果**，再看看胖先生的**綠色水果**。哪一邊的數目比較多呢？【送貨員】

   多出幾個呢？【2】

☼ 再讓我們來看看新的水果訂單：

綠香蕉	綠香蕉	黃蘋果	黃香蕉	黃香蕉
		瘦雜貨商		
綠蘋果	綠蘋果	綠蘋果	×	×

綠香蕉	綠香蕉	綠香蕉	綠香蕉	黃蘋果
		瘦送貨員		
黃蘋果	黃蘋果	綠蘋果	×	×

黃蘋果	黃蘋果	黃蘋果	黃蘋果	黃香蕉
		胖送貨員		
黃香蕉	綠蘋果	綠蘋果	綠蘋果	綠蘋果

綠香蕉	黃蘋果	黃蘋果	黃香蕉	黃香蕉
		胖雜貨商		
黃香蕉	黃香蕉	綠蘋果	綠蘋果	×

〔五〕

1. 我們來算算看，

   (1) 送貨員共有多少個**蘋果**呢？【12】

   (2) 胖先生共有多少個**蘋果**呢？【12】

2. 我們來算算看，

   (1) 送貨員共有多少根**香蕉**呢？【6】

   (2) 胖先生共有多少根**香蕉**呢？【7】

3. 我們來算算看，

   (1) 送貨員共有多少個**黃色水果**呢？【9】

   (2) 胖先生共有多少個**黃色水果**呢？【12】

4. 我們來算算看，

⑴ 送貨員共有多少個**綠色水果**呢？【9】

⑵ 胖先生共有多少個**綠色水果**呢？【7】

5. 我們來算算看，

⑴ 送貨員共有多少個**水果**呢？【18】

⑵ 胖先生共有多少個**水果**呢？【19】

〔六〕

1. 所有人共有多少個**黃色水果**和**綠香蕉**呢？【25】
2. 所有人共有多少個**綠色水果**和**黃蘋果**呢？【27】
3. 所有人共有多少個**不是香蕉的綠色水果**呢？【10】
4. 所有人共有多少個**不是蘋果的黃色水果**呢？【8】

〔七〕

1. 看看雜貨商的**綠色水果**，再看看送貨員的**綠色水果**。哪一邊的個數比較少呢？【雜貨商】

   少了多少呢？【1】

2. 看看胖先生的**香蕉**，再看看瘦先生的**香蕉**。哪一邊的個數比較少呢？【胖先生】

   少了多少呢？【1】

3. 看看瘦先生的**綠色水果**，再看看胖先生的**香蕉**。哪一邊的個數比較少呢？【胖先生】

   少了多少呢？【3】

4. 看看雜貨商的**黃色水果**，再看看送貨員的**蘋果**。哪一邊的個數比較少呢？【雜貨員】

   少了多少呢？【3】

5. 看看送貨員的**蘋果**，再看看瘦先生的**蘋果**。哪一邊的個數比較少呢？

【瘦先生】

少了多少呢？【4】

☼ 最後，我們再來看看下面這些工作人員，他們正在準備這天最後一批訂單的水果：

黃香蕉	黃香蕉	黃香蕉	黃香蕉	黃香蕉
胖雜貨商				
綠蘋果	綠香蕉	綠香蕉	黃蘋果	×

黃香蕉	黃蘋果	黃蘋果	黃蘋果	×
瘦雜貨商				
綠蘋果	綠蘋果	綠蘋果	綠香蕉	×

黃香蕉	綠香蕉	綠香蕉	綠香蕉	黃香蕉
胖送貨員				
綠蘋果	綠蘋果	×	×	黃蘋果

綠蘋果	綠蘋果	綠香蕉	黃蘋果	黃蘋果
瘦送貨員				
黃香蕉	×	×	×	×

〔八〕

1. 工作人員共有多少個**黃色水果**和**綠蘋果**呢？【24】
2. 工作人員共有多少個**綠色水果**和**黃香蕉**呢？【24】
3. 工作人員共有多少個不是**蘋果**的**綠色水果**呢？【7】
4. 工作人員共有多少個不是**香蕉**的**黃色水果**呢？【7】

〔九〕

1. 看看雜貨商的**蘋果**，再看看送貨員的**蘋果**，哪一邊的個數比較少呢？
   【送貨員】
   少了多少呢？【1】
2. 看看瘦先生的**黃色水果**，再看看胖先生的**黃色水果**，哪一邊的個數比較少呢？【瘦先生】
   少了多少呢？【2】
3. 看看送貨員的**綠色水果**，再看看雜貨商的**香蕉**，哪一邊的個數比較少呢？【送貨員】
   少了多少呢？【1】
4. 看看胖先生的**黃色水果**，再看看瘦先生的**香蕉**，哪一邊的個數比較少呢？【瘦先生】
   少了多少呢？【5】
5. 看看送貨員的**黃色水果**，再看看胖先生的**黃色水果**，哪一邊的個數比較少呢？【送貨員】
   少了多少呢？【3】

◑ 教材：

*1.*二張技工及二張木匠的故事板（老技工、年輕技工、老木匠、年輕木匠）

*2.*各種工具的卡片組（小鋤頭、大鋤頭、大螺絲起子、小螺絲起子）

☼ 我們來看看下面這些工人們，他們有些什麼工具：

小螺絲起子	小螺絲起子	小鋤頭	小鋤頭	×
		老木匠		
×	大螺絲起子	大螺絲起子	大螺絲起子	大鋤頭

小螺絲起子	小螺絲起子	小鋤頭	大螺絲起子	大螺絲起子
		老技工		
大螺絲起子	大鋤頭	大鋤頭	大鋤頭	×

小螺絲起子	小鋤頭	小鋤頭	小鋤頭	小鋤頭
		年輕木匠		
大螺絲起子	大鋤頭	大鋤頭	×	×

小螺絲起子	小鋤頭	小鋤頭	小鋤頭	×
		年輕技工		
大螺絲起子	大螺絲起子	大螺絲起子	大鋤頭	大鋤頭

〔一〕

1. 我們來算算看，

⑴ 木匠們共有多少支**螺絲起子**呢？【7】

⑵ 技工們共有多少支**螺絲起子**呢？【9】

⑶ 工人們共有多少支**螺絲起子**呢？【16】

⑷ 老工人們共有多少支**螺絲起子**呢？【10】

⑸ 年輕工人們共有多少支**螺絲起子**呢？【6】

2. 我們來算算看，

⑴ 木匠們共有多少支**鋤頭**呢？【9】

⑵ 技工們共有多少支**鋤頭**呢？【9】

⑶ 工人們共有多少支**鋤頭**呢？【18】

⑷ 老工人們共有多少支**鋤頭**呢？【7】

⑸ 年輕工人們共有多少支**鋤頭**呢？【11】

3. 我們來算算看，

⑴ 木匠們共有多少件**大工具**呢？【7】

⑵ 技工們共有多少件**大工具**呢？【11】

⑶ 工人們共有多少件**大工具**呢？【18】

⑷ 老工人們共有多少件**大工具**呢？【10】

⑸ 年輕工人們共有多少件**大工具**呢？【8】

4. 我們來算算看，

⑴ 木匠們共有多少件**小工具**呢？【9】

⑵ 技工們共有多少件**小工具**呢？【7】

⑶ 工人們共有多少件**小工具**呢？【16】

⑷ 老工人們共有多少件**小工具**呢？【7】

⑸ 年輕工人們共有多少件**小工具**呢？【9】

5. 我們來算算看，

⑴ 木匠們共有多少件**工具**呢？【16】

⑵ 技工們共有多少件**工具**呢？【18】

⑶ 工人們共有多少件**工具**呢？【34】

⑷ 老工人們共有多少件**工具**呢？【17】

⑸ 年輕工人們共有多少件**工具**呢？【17】

〔二〕

1. 看看年輕工人們的**鎯頭**，再看看老工人們的**鎯頭**，誰的比較多呢？
   【年輕工人】
   多出幾支呢？【4】
2. 看看木匠們的**小工具**，再看看技工們的**小工具**，誰的比較多呢？
   【木匠們】
   多出幾件呢？【2】
3. 看看技工們的**鎯頭**，再看看木匠們的**小工具**，誰的比較多呢？
   【一樣】
   多出幾件呢？【0】
4. 看看年輕工人們的**大工具**，再看看老工人們的**螺絲起子**，誰的比較多呢？【老工人】
   多出多少呢？【2】
5. 看看技工們的**螺絲起子**，再看看年輕人們的**螺絲起子**，誰的比較多呢？【技工們】
   多出多少呢？【3】

※ 這裡有一些工人，他們各有不同的工具如下：

<table>
<tr><td>大鎯頭</td><td>大鎯頭</td><td>小鎯頭</td><td>大螺絲起子</td><td>大螺絲起子</td></tr>
<tr><td colspan="5">**老木匠**</td></tr>
<tr><td>小螺絲起子</td><td>×</td><td>×</td><td>×</td><td>×</td></tr>
</table>

<table>
<tr><td>大鎯頭</td><td>大鎯頭</td><td>小鎯頭</td><td>小鎯頭</td><td>大螺絲起子</td></tr>
<tr><td colspan="5">**年輕木匠**</td></tr>
<tr><td>大螺絲起子</td><td>大螺絲起子</td><td>小螺絲起子</td><td>小螺絲起子</td><td>×</td></tr>
</table>

<table>
<tr><td>小鎯頭</td><td>小鎯頭</td><td>大鎯頭</td><td>大鎯頭</td><td>×</td></tr>
<tr><td colspan="5">**老技工**</td></tr>
<tr><td>小螺絲起子</td><td>小螺絲起子</td><td>小螺絲起子</td><td>大螺絲起子</td><td>大螺絲起子</td></tr>
</table>

<table>
<tr><td>小鎯頭</td><td>小鎯頭</td><td>小鎯頭</td><td>小鎯頭</td><td>小鎯頭</td></tr>
<tr><td colspan="5">**年輕技工**</td></tr>
<tr><td>小螺絲起子</td><td>小螺絲起子</td><td>小螺絲起子</td><td>大螺絲起子</td><td>×</td></tr>
</table>

〔三〕

1. 我們來算算看，
   (1) 木匠們共有多少支**鎯頭**呢？【7】
   (2) 老工人們共有多少支**鎯頭**呢？【7】
2. 我們來算算看，
   (1) 木匠們共有多少支**螺絲起子**呢？【8】
   (2) 老工人們共有多少支**螺絲起子**呢？【8】
3. 我們來算算看，
   (1) 木匠們共有多少件**小工具**呢？【6】
   (2) 老工人們共有多少件**小工具**呢？【7】

4. 我們來算算看，

⑴ 木匠們共有多少件**大工具**呢？【9】

⑵ 老工人們共有多少件**大工具**呢？【8】

5. 我們來算算看，

⑴ 木匠們共有多少件**工具**呢？【15】

⑵ 老工人們共有多少件**工具**呢？【15】

〔四〕

1. 看看木匠們的**螺絲起子**，再看看技工們的**螺絲起子**，誰的比較多呢？

【技工們】

多出幾支呢？【1】

2. 看看老工人們的**大工具**，再看看年輕工人們的**大工具**，誰的比較多呢？【老工人們】

多出幾件呢？【2】

3. 看看年輕工人們的**鎯頭**，再看看老工人們的**大工具**，誰的比較多呢？

【年輕工人們】

多出幾件呢？【1】

4. 看看木匠們的**螺絲起子**，再看看技工們的**小工具**，誰的比較多呢？

【技工們】

多出多少呢？【5】

5. 看看技工們的**鎯頭**，再看看老工人們的**鎯頭**，誰的比較多呢？

【技工們】

多出多少呢？【2】

☼ 下面是另外一些工人們的工具：

小螺絲起子	小螺絲起子	大螺絲起子	大螺絲起子	小鎯頭
年輕技工				
小鎯頭	大鎯頭	×	×	×

小螺絲起子	小螺絲起子	小鎯頭	小鎯頭	小螺絲起子
老木匠				
大螺絲起子	大螺絲起子	大螺絲起子	大鎯頭	大鎯頭

小螺絲起子	小螺絲起子	小螺絲起子	小鎯頭	小鎯頭
老技工				
小鎯頭	大鎯頭	大螺絲起子	×	×

小螺絲起子	小鎯頭	小鎯頭	小鎯頭	大螺絲起子
年輕木匠				
大螺絲起子	大鎯頭	大鎯頭	大鎯頭	×

〔五〕

1. 我們來算算看，

   (1) 技工們共有多少支**鎯頭**呢？【7】

   (2) 年輕工人們共有多少支**鎯頭**呢？【9】

2. 我們來算算看，

   (1) 技工們共有多少支**螺絲起子**呢？【8】

   (2) 年輕工人們共有多少支**螺絲起子**呢？【7】

3. 我們來算算看，

   (1) 技工們共有多少件**小工具**呢？【10】

   (2) 年輕工人們共有多少件**小工具**呢？【8】

4. 我們來算算看，

⑴ 技工們共有多少件**大工具**呢？【5】

⑵ 年輕工人們共有多少件**大工具**呢？【8】

5. 我們來算算看，

⑴ 技工們共有多少件**工具**呢？【15】

⑵ 年輕工人們共有多少件**工具**呢？【16】

〔六〕

1. 工人們的**小鎯頭**和**螺絲起子**加起來一共有多少支呢？【27】
2. 工人們的**大螺絲起子**和**鎯頭**加起來一共有多少支呢？【25】
3. 工人們的**不是榔頭的小工具**加起來一共有多少件呢？【9】
4. 工人們的**不是螺絲起子的大工具**加起來一共有多少件呢？【7】

〔七〕

1. 看看木匠們的**鎯頭**，再看看技工們的**鎯頭**，誰的比較少呢？

   【技工們】

   少了多少支呢？【3】

2. 看看年輕工人們的**小工具**，再看看老工人們的**小工具**，誰的比較少呢？【年輕工人們】

   少了多少呢？【3】

3. 看看年輕工人們的**鎯頭**，再看看老工人們的**小工具**，誰的比較少呢？

   【年輕工人們】

   少了多少件呢？【2】

4. 看看木匠們的**大工具**，再看看技工們的**螺絲起子**，誰的比較少呢？

   【技工們】

   少了多少呢？【2】

5. 看看木匠們的**小工具**，再看看老工人的**小工具**，誰的比較少呢？

【木匠們】

少了多少件呢？【2】

☼ 另外，我們來看工人們正準備這天的最後一批工具：

大鎯頭	大鎯頭	大螺絲起子	大螺絲起子	小螺絲起子
年輕技工				
小螺絲起子	小螺絲起子	小螺絲起子	小鎯頭	×

大鎯頭	大螺絲起子	大螺絲起子	大螺絲起子	小螺絲起子
老技工				
小螺絲起子	小鎯頭	小鎯頭	×	×

大鎯頭	大鎯頭	大鎯頭	大螺絲起子	大螺絲起子
年輕木匠				
大螺絲起子	小螺絲起子	小螺絲起子	小螺絲起子	×

大鎯頭	大鎯頭	大鎯頭	大鎯頭	大螺絲起子
老木匠				
小螺絲起子	小鎯頭	×	×	×

〔八〕

1. 工人們的**小螺絲起子**和**鎯頭**加起來一共有多少支呢？【24】
2. 工人們的**大鎯頭**和**螺絲起子**加起來一共有多少支呢？【29】
3. 工人們不是**螺絲起子**的**小工具**加起來一共有多少件呢？【4】
4. 工人們不是**鎯頭**的**大工具**加起來一共有多少件呢？【9】

〔九〕

1. 看看老工人們的**螺絲起子**，再看看年輕工人們的**螺絲起子**，誰的比較少呢？【老工人】

   少了多少支呢？【5】

2. 看看技工們的**大工具**，再看看木匠們的**大工具**，誰的比較少呢？【技工們】

   少了多少件呢？【3】

3. 看看技工們的**大工具**，再看看木匠們的**鎯頭**，誰的比較少呢？【一樣】

   少了多少呢？【0】

4. 看看老工人的**小工具**，再看看年輕工人的**螺絲起子**，誰的比較少呢？【老工人】

   少了多少件呢？【6】

5. 看看木匠們的**大工具**，再看看年輕工人的**大工具**，誰的比較少呢？【年輕工人】

   少了多少呢？【1】

第二十單元

◑ 教材：

1. 男女老師們的故事板（高的男老師、矮的男老師、高的女老師、矮的女老師）

2. 各種書籍的卡片組（藍色薄書、紅色薄書、紅色厚書、藍色厚書）

☼ 現在讓我們看看老師們有多少書：

紅色薄書	紅色薄書	藍色薄書	×	×
		高的男老師		
×	紅色厚書	紅色厚書	紅色厚書	藍色厚書

紅色薄書	紅色薄書	紅色薄書	紅色薄書	×
		矮的女老師		
藍色薄書	藍色薄書	紅色厚書	藍色厚書	藍色厚書

紅色薄書	藍色薄書	藍色薄書	藍色薄書	藍色厚書
		矮的男老師		
藍色厚書	藍色厚書	紅色厚書	紅色厚書	紅色厚書

紅色薄書	紅色薄書	藍色薄書	藍色薄書	×
		高的女老師		
紅色厚書	紅色厚書	紅色厚書	藍色厚書	×

〔一〕

1. 我們來算算看，

⑴ 高個子老師共有多少本紅書呢？【10】

⑵ 矮個子老師共有多少本紅書呢？【9】

⑶ 所有老師共有多少本紅書呢？【19】

⑷ 所有女老師共有多少本紅書呢？【10】

⑸ 所有男老師共有多少本紅書呢？【9】

2. 我們來算算看，

⑴ 高個子老師共有多少本藍書呢？【5】

⑵ 矮個子老師共有多少本藍書呢？【10】

⑶ 所有老師共有多少本藍書呢？【15】

⑷ 所有女老師共有多少本藍書呢？【7】

⑸ 所有男老師共有多少本藍書呢？【8】

3. 我們來算算看，

⑴ 高個子老師共有多少本薄書呢？【7】

⑵ 矮個子老師共有多少本薄書呢？【10】

⑶ 所有老師共有多少本薄書呢？【17】

⑷ 所有女老師共有多少本薄書呢？【10】

⑸ 所有男老師共有多少本薄書呢？【7】

4. 我們來算算看，

⑴ 高個子老師共有多少本厚書呢？【8】

⑵ 矮個子老師共有多少本厚書呢？【9】

⑶ 所有老師共有多少本厚書呢？【17】

⑷ 所有女老師共有多少本厚書呢？【7】

⑸ 所有男老師共有多少本厚書呢？【10】

5. 我們來算算看，

⑴ 高個子老師共有多少本書呢？【15】

⑵ 矮個子老師共有多少本書呢？【19】

⑶ 所有老師共有多少本書呢？【34】

⑷ 所有女老師共有多少本書呢？【17】

⑸ 所有男老師共有多少本書呢？【17】

〔二〕

1. 看看高個子老師的**紅書**，再看看矮個子老師的**紅書**，哪一邊的本數比較多呢？【高個子老師】

   多出幾本呢？【1】

2. 看看女老師的**厚書**，再看看男老師的**厚書**，哪一邊的本數比較多呢？【男老師】

   多出幾本呢？【3】

3. 看看女老師的**紅書**，再看看男老師的**厚書**，哪一邊的本數比較多呢？【一樣】

   多出幾本呢？【0】

4. 看看矮個子老師的**藍書**，再看看高個子老師的**薄書**，哪一邊的本數比較多呢？【矮個子老師】

   多出幾本呢？【3】

5. 看看女老師的**藍書**，再看看高個子老師的**藍書**，哪一邊的本數比較多呢？【女老師】

   多出幾本呢？【2】

☼ 學校開學了，我們來看看老師們的新書：

藍色厚書	藍色厚書	×	×	×
矮的男老師				
紅色薄書	紅色薄書	藍色薄書	藍色薄書	×

藍色厚書	藍色厚書	藍色厚書	紅色厚書	紅色厚書
高的男老師				
紅色薄書	紅色薄書	紅色薄書	藍色薄書	×

藍色厚書	藍色厚書	藍色厚書	紅色厚書	×
矮的女老師				
紅色厚書	紅色薄書	紅色薄書	紅色薄書	×

藍色厚書	藍色厚書	藍色厚書	×	×
高的女老師				
紅色厚書	紅色厚書	紅色薄書	紅色薄書	×

〔三〕

1. 請算算看，

   ⑴ 女老師共有多少本**紅書**呢？【9】

   ⑵ 高個子老師共有多少本**紅書**呢？【9】

2. 請再算算看，

   ⑴ 女老師共有多少本**藍書**呢？【6】

   ⑵ 高個子老師共有多少本**藍書**呢？【7】

3. 請再算算看，

   ⑴ 女老師共有多少本**薄書**呢？【5】

   ⑵ 高個子老師共有多少本**薄書**呢？【6】

4. 請再算算看，

  ⑴ 女老師共有多少本**厚書**呢？【10】

  ⑵ 高個子老師共有多少本**厚書**呢？【10】

5. 請再算算看，

  ⑴ 女老師共有多少本**書**呢？【15】

  ⑵ 高個子老師共有多少本**書**呢？【16】

〔四〕

1. 看看女老師的**藍書**，再看看男老師的**藍書**，哪一邊的本數比較少呢？【女老師】

   少了幾本呢？【2】

2. 看看矮個子老師的**薄書**，再看看高個子老師的**薄書**，哪一邊的本數比較少呢？【高個子老師】

   少了幾本呢？【1】

3. 看看高個子老師的**紅書**，再看看矮個子老師的**薄書**，哪一邊的本數比較少呢？【矮個子老師】

   少了幾本呢？【2】

4. 看看男老師的**藍書**，再看看女老師的**厚書**，哪一邊的本數比較少呢？【男老師】

   少了幾本呢？【2】

5. 看看女老師的**紅書**，再看看矮個子老師的**紅書**，哪一邊的本數比較少呢？【矮個子老師】

   少了幾本呢？【2】

☼ 現在讓我們看看下面這些老師們從圖書館中借走了哪些書：

藍色厚書	藍色厚書	藍色厚書	藍色薄書	×
矮的女老師				
紅色厚書	紅色厚書	紅色厚書	紅色薄書	×

藍色厚書	藍色厚書	藍色厚書	藍色薄書	藍色薄書
矮的男老師				
藍色薄書	紅色厚書	紅色薄書	紅色薄書	×

藍色厚書	藍色厚書	藍色薄書	藍色薄書	×
高的女老師				
紅色厚書	紅色厚書	紅色薄書	×	×

藍色厚書	藍色薄書	藍色薄書	紅色厚書	紅色厚書
高的男老師				
紅色厚書	紅色厚書	紅色薄書	紅色薄書	×

〔五〕

1. 男老師共借了多少本**紅**書呢？【9】
2. 男老師共借了多少本**藍**書呢？【9】
3. 男老師共借了多少本**薄**書呢？【9】
4. 男老師共借了多少本**厚**書呢？【9】
5. 男老師共借了多少本**書**呢？【18】

〔六〕

1. 矮個子老師共借了多少本**紅**書呢？【7】

2. 矮個子老師共借了多少本**藍書**呢？【10】
3. 矮個子老師共借了多少本**薄書**呢？【7】
4. 矮個子老師共借了多少本**厚書**呢？【10】
5. 矮個子老師共借了多少本**書**呢？【17】

〔七〕

1. 老師們共借了多少本**厚或藍的書**呢？【27】
2. 老師們共借了多少本**薄或紅的書**呢？【24】
3. 老師們共借了多少本**不是紅的厚書**呢？【23】
4. 老師們共借了多少本**不是藍的薄書**呢？【25】

〔八〕

1. 看看女老師借的**紅書**，再看看男老師借的**紅書**，哪一邊的本數比較少呢？【女老師】
   少了幾本呢？【2】
2. 看看矮個子老師借的**厚書**，再看看高個子老師借的**厚書**，哪一邊的本數比較少呢？【高個子老師】
   少了幾本呢？【1】
3. 看看高個子老師借的**厚書**，再看看矮個子老師借的**紅書**，哪一邊的本數比較少呢？【矮個子老師】
   少了幾本呢？【2】
4. 看看男老師借的**薄書**，再看看女老師借的**藍書**，哪一邊的本數比較少呢？【女老師】
   少了幾本呢？【1】
5. 看看男老師借的**厚書**，再看看矮個子老師借的**厚書**，哪一邊的本數比較少呢？【男老師】

少了幾本呢？【1】

☼ 下一堂課快開始了，老師們準備了好多書：

紅色薄書	紅色薄書	紅色薄書	藍色薄書	藍色薄書
高的女老師				
藍色厚書	藍色厚書	藍色厚書	藍色厚書	紅色厚書

紅色薄書	藍色薄書	藍色薄書	藍色薄書	×
矮的女老師				
藍色厚書	藍色厚書	紅色厚書	紅色厚書	×

紅色薄書	藍色薄書	藍色薄書	藍色薄書	×
高的男老師				
藍色厚書	藍色厚書	藍色厚書	×	×

紅色薄書	紅色薄書	紅色薄書	紅色薄書	藍色薄書
矮的男老師				
藍色薄書	藍色厚書	紅色厚書	紅色厚書	紅色厚書

〔九〕

1. 老師們共有多少本**厚或紅的書**呢？【25】
2. 老師們共有多少本**薄或藍的書**呢？【29】
3. 老師們共有多少本**不是紅的薄書**呢？【26】
4. 老師們共有多少本**不是藍的厚書**呢？【25】

〔十〕

1. 看看矮個子老師的**藍書**，再看看高個子老師的**藍書**，哪一邊的本數比較少呢？【矮個子老師】

   少了多少本呢？【4】

2. 看看男老師的**薄書**，再看看女老師的**薄書**，哪一邊的本數比較少呢？【女老師】

   少了多少本呢？【1】

3. 看看男老師的**紅書**，再看看女老師的**薄書**，哪一邊的本數比較少呢？【男老師】

   少了多少本呢？【1】

4. 看看高個子老師的**藍書**，再看看矮個子老師的**厚書**，哪一邊的本數比較少呢？【矮個子老師】

   少了多少本呢？【4】

5. 看看高個子老師的**薄書**，再看看男老師的**薄書**，哪一邊的本數比較少呢？【高個子老師】

   少了多少本呢？【1】

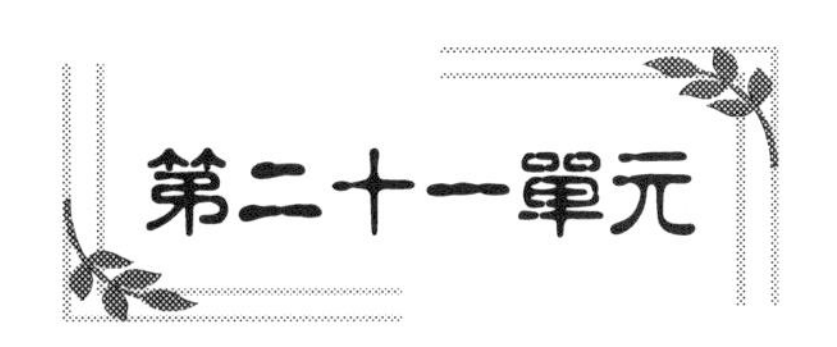

第二十一單元

◑ 教材：

*1.*各種面額的錢幣（1 元、10 元硬幣及 50 元、100 元紙幣）

*2.*價目表

☼ 超級市場是許多父母親幾乎每週都會去的地方。在那兒，他們可以購買許多家庭用品。超市有各式各樣的食物及物品可供選擇，目前大部分的超市都是自助式的。

現在，假設我們有一家超市，你們其中一個人可以扮演顧客，另一個人扮演店員（可以把學生分成二人一組的小組）。

下列是店中各項貨品的單價表：

品項	價格	品項	價格
麵包	30 元	豬肉	150 元
蛋	25 元	烤雞	400 元
香腸	120 元	牛排	200 元
豆子	50 元	牛奶	50 元
玉米	25 元	西瓜	75 元

老師要給每一位當顧客的小朋友：6 張 100 元的紙幣
4 張 50 元的紙幣
8 個 10 元的硬幣
5 個 1 元的硬幣

教學步驟　要扮演顧客的學生先算出多少錢→付給扮演店員的學生

（檢驗錢數是否正確）→要求店員說出顧客付了多少錢並入帳。

〔一〕

1. 假設你想要買**一個麵包**、**一盒蛋**、**一盒香腸**，那麼你一共要給多少錢？【175 元】

〔二〕

1. 假如我要買些水果及蔬菜，那麼我們可從表中買到什麼呢？
【豆子、玉米及西瓜】
2. 一共要給多少錢呢？【150 元】

〔三〕

1. 這次我們要買**一袋豬肉**、**一隻烤雞**及**一塊牛排**，那麼一共要給多少錢呢？【750 元】

〔四〕

1. 現在我們需要買**一袋豬肉**、**一袋豆子**及**一個西瓜**，那麼一共要給多少錢呢？【275 元】

〔五〕

1. 假如我買了**一隻烤雞**、**一瓶牛奶**及**一根玉米**，那麼一共要給多少錢呢？【475 元】

〔六〕

1. 假如我們買了四種東西當早餐，那會是什麼呢？【麵包、蛋、香腸、牛奶】
2. 一共要給多少錢呢？【225 元】

〔七〕

1. 這回我只要買肉，我買了**二袋豬肉**及**一隻烤雞**，那麼一共要給多少錢呢？【700 元】

〔八〕

1. 假如我們買了**二塊牛排**及**一隻烤雞**，那麼一共要給多少錢呢？【800 元】

〔九〕

1. 假如我買了**一根玉米**、**一個麵包**及**一隻烤雞**，那麼一共要給多少錢呢？【455 元】

〔十〕

1. 假如我買了**一袋豬肉**、**一隻烤雞**、**一盒蛋**及**一袋豆子**，那麼一共要給多少錢呢？【625 元】

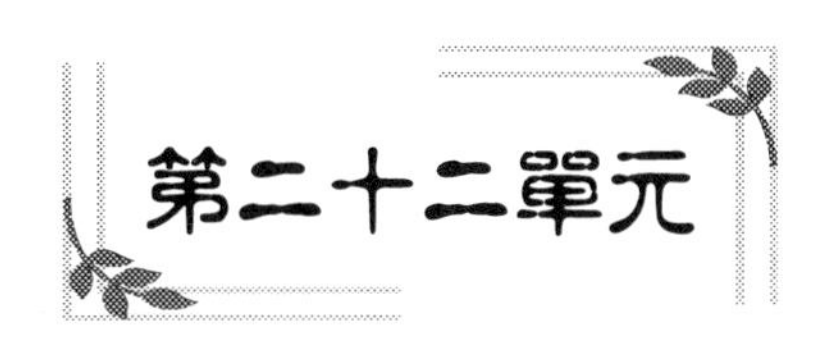

第二十二單元

◑ 教材：

1. 四張電梯的畫卡

☼ 許多建築物中都有電梯，乘客只需按欲停的樓層數字，電梯就可以送你到達目的地。今天，讓我問你一些小朋友搭乘電梯的問題。現在假設有甲、乙、丙、丁四部電梯：

〔一〕

（出示甲、乙二張畫卡）

1. 電梯甲中有 6 **個男孩**，電梯乙中有 2 **個女孩**。這些電梯中共有多少人呢？【8】
2. 電梯甲中比電梯乙中多出幾個**小朋友**呢？【4】
3. 假如電梯甲中又走進了 2 個人，那麼現在總共有多少人呢？【10】

〔二〕

（出示乙、丙、丁三張畫卡）

1. 電梯乙中有 2 **個女孩**，電梯丙中有 3 **個男孩**，電梯丁中有 2 **個盒子**。這些電梯中共有多少人呢？【5】
2. 電梯丙中比電梯乙中多出幾個**小朋友**呢？【1】

3. 電梯乙中的**小孩**人數比電梯丁中的**盒子**數多出幾個呢？【0】

〔三〕

（出示甲、乙、丙三張畫卡）

1. 電梯乙中有 2 **個女孩**，電梯甲中有 6 **個男孩**。這二部電梯中共有多少人呢？【8】
2. 三部電梯中共有多少個**小孩**呢？【11】
3. 電梯中有多少**不是女的小孩**呢？【9】

〔四〕

（出示甲、乙、丙、丁四張畫卡）

1. 電梯丙中有 3 **個小孩**，電梯乙中有 2 **個小孩**。這二部電梯中共有多少人呢？【5】
2. 在這些電梯中的**小孩**人數比**盒子**數多出幾個呢？【9】
3. 在這些電梯中，**男孩**比**女孩**多出幾個呢？【7】

〔五〕

（出示乙、丙、丁三張畫卡）

1. 電梯乙中有 2 **個女孩**，電梯丙中有 3 **個男孩**，電梯丁中有 2 **個盒子**。這些電梯中共有多少人呢？【5】
2. 假如有 2 **個男孩**離開了電梯丙，那麼電梯中共有多少人呢？【3】
3. 假如一共需要有 8 **個小孩**在電梯中，那麼還需要再進來幾個小孩呢？【3】

〔六〕

（出示甲、乙、丁三張畫卡）

1. 電梯甲中有 6 **個男孩**，電梯丁中有 2 **個盒子**，電梯乙中有 2 **個女孩**。這些電梯中共有多少人呢？【8】
2. 電梯甲中的**小孩**人數比電梯丁中的**盒子**數多出幾個呢？【4】
3. 電梯中的**小孩**人數比**盒子**數多出幾個呢？【6】

〔七〕

（出示甲、乙、丙、丁四張畫卡）

1. 電梯丁中有 2 **個盒子**，電梯丙中有 3 **個男孩**，電梯乙中有 2 **個女孩**。這三部電梯中共有多少人呢？【5】
2. 在電梯甲和電梯乙中的**小孩**比電梯丙中的多出幾個呢？【5】
3. 在電梯甲和電梯丙中的**小孩**比電梯乙中的多出幾個呢？【7】

〔八〕

（出示甲、乙、丙、丁四張畫卡）

1. 電梯乙中有 2 **個女孩**，電梯甲中有 6 **個男孩**，電梯丁中有 2 **個盒子**。這三部電梯中共有多少人呢？【8】
2. 假如現在所有的電梯中共有 15 **個小孩**，那麼剛進入了幾個**小孩**呢？【4】
3. 假如有一些**男孩**再進入了電梯丙中，現在所有電梯中的**男孩**比**女孩**多出 10 個人，請問有多少人進入電梯丙呢？【3】

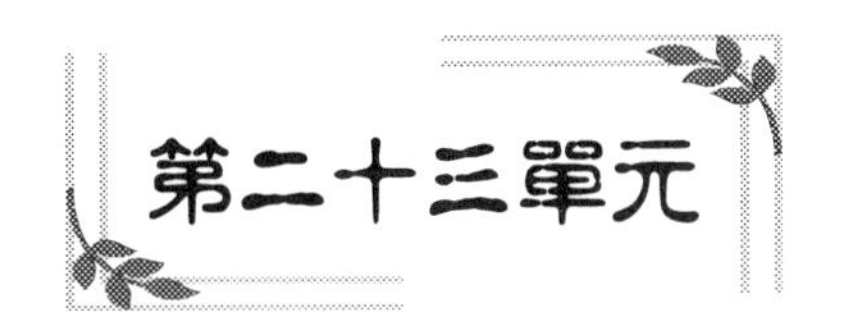

第二十三單元

◑ 教材：

1. 四張烘培師傅的畫卡

☼ 今天，我們要談論一些有關烘培師傅的問題。烘培師傅就是可以烘烤出我們喜歡吃的餅乾、派、泡芙和蛋糕的人。除了西點之外，他們也烘烤麵包。你知不知道烘培師傅製作每件東西所用的成份？主要是麵粉。麵粉來自於穀類，如：大麥、燕麥等等。除此之外，另有其他的成份可使這些點心吃起來更美味。你知道那是什麼嗎？那是糖以及紅豆、花生等。現在我們有甲、乙、丙、丁四位烘培師父：

〔一〕

（出示甲、乙二張畫卡）

1. 烘培師父甲有 2 **個蛋糕**，烘培師父乙有 3 **個派**。這些烘培師父共有多少個點心呢？【5】
2. 烘培師父甲比烘培師父乙少了多少個點心呢？【1】
3. 若烘培師父乙又烤了 3 **個派**，那麼現在共有多少個點心呢？【8】

〔二〕

（出示乙、丙、丁三張畫卡）

1. 烘培師父乙有 3 **個派**，烘培師父丙有 6 **個蛋糕**，烘培師父丁有 3 **個桿麵棍**。這些烘培師父一共有多少個點心呢？【9】
2. 烘培師父乙比烘培師父丙少了多少個點心呢？【3】
3. 烘培師父乙的點心比烘培師父丁的**桿麵棍**少了幾個呢？【0】

〔三〕

（出示甲、乙、丙三張畫卡）

1. 烘培師父乙有 3 **個派**，烘培師父甲有 2 **個蛋糕**。這二位烘培師父共有多少個點心呢？【5】
2. 圖中所有的烘培師父總共有多少個點心呢？【11】
3. 圖中的烘培師父的點心，有幾個不是**派**呢？【8】

〔四〕

（出示甲、乙、丙、丁四張畫卡）

1. 烘培師父丙有 6 **個蛋糕**，烘培師父乙有 3 **個派**。這二位烘培師父一共有多少個點心呢？【9】
2. 圖中所有的烘培師父的**桿麵棍**比**派**少了幾個呢？【0】
3. 所有烘培師父的**蛋糕**比**派**多出幾個呢？【5】

〔五〕

（出示乙、丙、丁三張畫卡）

1. 烘培師父乙有 3 **個派**，烘培師父丙有 6 **個蛋糕**，烘培師父丁有 3 **個桿麵棍**。這些烘培師父一共有多少個點心呢？【9】
2. 烘培師父丙賣了 4 **個蛋糕**，那麼現在還剩下幾個點心呢？【5】
3. 假如現在只剩下 2 個點心，那麼究竟少了幾個點心呢？【7】

〔六〕

（出示甲、乙、丁三張畫卡）

1. 烘培師父甲有 2 **個蛋糕**，烘培師父丁有 3 **個桿麵棍**，烘培師父乙有 3 **個派**。這些烘培師父一共有多少個點心呢？【5】
2. 烘培師父乙的點心比烘培師父丁的**桿麵棍**少了幾個呢？【0】
3. **桿麵棍**比點心少了幾個呢？【2】

〔七〕

（出示甲、乙、丙、丁四張畫卡）

1. 烘培師父丁有 3 **個桿麵棍**，烘培師父丙有 6 **個蛋糕**，烘培師父乙有 3 **個派**。這三位烘培師父一共有多少個點心呢？【9】
2. 烘培師父甲的點心比烘培師父乙和丙的點心少了幾個呢？【7】
3. 烘培師父乙的點心比烘培師父甲和丙的點心少了幾個呢？【5】

〔八〕

（出示甲、乙、丙、丁四張畫卡）

1. 烘培師父乙有 3 **個派**，烘培師父甲有 2 **個蛋糕**，烘培師父丁有 3 **個桿麵棍**。這三位烘培師父一共有多少個點心呢？【5】
2. 烘培師父甲又多烤了一些**蛋糕**。假如現在有 16 個點心，那麼烘培師父甲多烤了幾個呢？【5】
3. 烘培師父乙又多烤了一些派，假如圖片中的**派**比**蛋糕**少了 2 個，那麼烘培師父乙又多烤了幾個派呢？【3】

肆、教育叢書

一、一般教育系列

書名	作者
教室管理	許慧玲編著
教師發問技巧（第二版）	張玉成著
質的教育研究方法	黃瑞琴著
教學媒體與教學新科技	R. Heinich 等著・張霄亭總校閱
教學媒體（第二版）	劉信吾著
班級經營	吳清山等著
班級經營—做個稱職的教師	鄭玉疊等著
國小班級經營	張秀敏著
健康教育—健康教學與研究	晏涵文著
健康生活—健康教學的內涵	鄭雪霏等著
教育計畫與評鑑	鄭崇趁編著
教育計劃與教育發展策略	王文科著
學校行政	吳清山著
學習理論與教學應用	M. Gredler 著・吳幸宜譯
學習與教學	R. Gagne 著・趙居蓮譯
學習輔導－學習心理學的應用（第二版）	李咏吟主編・邱上真等著
認知過程的原理	L. Mann 等著・黃慧真譯・陳東陞校閱
認知教學：理論與策略	李咏吟著
初等教育－理論與實務	蔡義雄等著
中國儒家心理思想史（上、下）	余書麟著
生活教育與道德成長	毛連塭著
孔子的教育哲學	李雄揮著
教育哲學	陳迺臣著
教育哲學導論－人文、民主與教育	陳迺臣著
西洋教育哲學導論	陳照雄著

國民小學社會科教材教法	盧富美著
親職教育的原理與實務	林家興著
社會中的心智－高層次心理過程的發展	M. Cole 等主編・蔡敏玲、陳正乾譯
教室言談－教與學的語言	C. Cazden 著・蔡敏玲等譯
談閱讀	Ken Goodman 著・洪月女譯
多元文化教育概述	J. Bank 著・國立編譯館主譯
戲劇教學：啓動多彩的心	N. Mougan 等著・鄭黛瓊譯
統整課程理論與實務	李坤崇、歐慧敏著
自學式教材設計手冊	楊家興著
教育導論	陳迺臣策畫主編・何福田等著
綜合活動學習領域教材教法	李坤崇著
學習輔導	周文欽等著
教育與心理論文索引彙編(二)	盧台華著
二、數學教育系列	
數學年夜飯	黃敏晃著
數學教育的藝術與實務－另類教與學	林文生等著
規律的尋求	黃敏晃著
口語應用問題 5 冊	盧台華著
三、自然科學教育系列	
國民小學自然科教材教法	王美芬、熊召弟著
科學學習心理學	S. Glynn 等著・熊召弟等譯
親子 100 科學遊戲	陳忠照著
趣味科學－家庭及教室適用的活動	江麗莉校閱・林翠湄譯
四、成人教育系列	
教育老年學	國立編譯館主編・邱天助著
終生教育新論	國立編譯館主編・黃振隆著
成人教育的思想與實務	王秋絨著
二十世紀的成人教育思想家	P. Jarvis 編著・王秋絨總校閱

五、親師關懷系列

書名	作者
現代父母	敖韻玲著
兒童心理問題與對策	徐獨立著
暫時隔離法—父母處理孩子行為問題指南	L. Clark 著・魏美惠譯
給年輕的父母—談幼兒的心理和教育	陳瑞郎著
青少年的 SEX 疑惑 Q & A	陳綠蓉、龔淑薰編著
家家都有藝術家—親子 EQ 與美學	黃美廉著
成功的單親父母	鍾思嘉、趙梅如著
親子關係一級棒	黃倫芬著
做個貼心好媽媽	平井信義著・施素筠譯
協助孩子出類拔萃—台灣、美國傑出學生實例	蔡典謨著
教出資優孩子的秘訣	J.R.Campbell 著・吳道愉譯
孩子心靈任務	蔡知真著
老師如何跟學生說話—親師溝通技巧	Dr. Haim G. Ginott 著・許麗美、許麗玉譯

六、教育願景系列

書名	作者
教育改造的心念	李錫津著
教育行政革新	林天祐著
教育與輔導的軌跡（增訂版）	鄭崇趁著
教育理想的追求	黃政傑著
開放社會的教育改革	歐用生著
未來教育的理想與實踐	高敬文著
教育理念革新	黃政傑著
教育改革與教育發展	吳清山著
邁向大學之路	M. Eckstein 等著・黃炳煌校閱
教育改革—理念、策略與措施	黃炳煌著
考試知多少	曹亮吉著
從心教學—行動研究與教師專業成長	陳佩正著
開放教育之教師專業發展	F. Lockwood 主編・趙美聲譯

反思教學—成為一位探究的教育者	J. Henderson 等著・李慕華譯

七、生命教育系列

生命教育論叢	何福田策畫主編
中學「生命教育」手冊:以生死教育為取向	張淑美等著

八、語文教育系列

台灣閩南語概論	林慶勳著

伍、幼兒教育叢書

一、幼兒教育系列

近代幼兒教育思潮	魏美惠著
幼兒教育史	翁麗芳著
幼兒教育之父—福祿貝爾	李園會著
專業的嬰幼兒照顧者	楊婷舒著
兒童行為觀察法與應用	黃意舒著
幼兒發展評量與輔導	王珮玲著
開放式幼兒活動設計—夏山學校對我國幼教的啓示	盧美貴著
皮亞傑式兒童心理學與應用	J. Phillips 著・王文科編譯
幼稚園的遊戲課程	黃瑞琴著
嬰幼兒遊戲&教具	張翠娥・吳文鶯著
創意的音樂律動遊戲	黃麗卿著
幼兒遊戲	陳淑敏著
不只是遊戲—兒童遊戲的角色與地位	J.R. Moyles 著・黃馨慧、段慧瑩譯
幼兒教育課程設計	陳淑琦著
幼教課程模式	簡楚瑛策畫主編
幼兒教材教法	張翠娥著
幼兒數學新論--教材教法(第二版)	周淑惠著
幼兒自然科學經驗—教材教法	周淑惠著
學習環境的規畫與運用(第四版)	戴文青著
創作性兒童戲劇入門	B. Salisbury 著・林玫君編譯
嬰幼兒特殊教育	柯平順著

幼兒繪畫心理分析與輔導—家庭動力繪畫的探討	范瓊方著
幼兒行為與輔導	E. L. Essa 著・周天賜等譯
幼兒全人教育	J. Hendrick 著・幸曼玲校閱
看圖學注音(全套六冊)	林美女編著
感覺整合與兒童發展—理論與應用	羅鈞令著
探索孩子心靈世界—方案教學的理論與實施	Katz 等著・陶英琪等譯
探索身體資源:身體、真我、超我	漢菊德編著
鷹架兒童的學習	Berk & Winsler 著・谷瑞勉譯
幼兒營養與膳食	董家堯、黃韶顏著
幼兒文學	鄭瑞菁著
幼稚園教學資源手冊	江麗莉策畫主編
幼稚園班級經營	谷瑞勉著
學齡前課程本位評量—使用手冊	吳淑美編製
學齡前課程本位評量—題本	吳淑美編製
學齡前課程本位評量--觀察指引及摘要表	吳淑美編製
學齡前課程本位評量—側面圖	吳淑美編製
圖畫書的欣賞與應用	林敏宜著
幼兒保育概論	平井信義著・施素筠譯
幼兒音樂學習原理	Edwin E. Gordon 著・莊惠君譯
名曲教學與遊戲—古典音樂教案	吳淑玲策畫主編
兒童的一百種語文	C. Edwards 等著・連英式等譯
幼教機構行政管理—幼稚園與托兒所實務	蔡春美、張翠娥、陳素珍著
幼兒音樂與肢體活動:理論與實務	Rae Pica 著・許月貴等譯
教室中的維高斯基	Lisbeth Dixon-Krauss 編著・
即興表演家喻戶曉的故事	陳仁富譯

二、兒童心理成長系列 國立台灣師範大學特教系洪儷瑜教授主編

小小與心情王國	黃玲蘭著
留級生教授—認識學習障礙	丁　凡著
最棒的過動兒—認識過動兒	何善欣著

快樂說晚安	趙映雪著

三、High/Scope 高瞻教育課程系列

幼兒小組活動設計—High/Scope 實驗課程中的實例	楊淑朱著
理想的教學點子 I—以重要經驗為中心設計日常計畫	M. Graves 著・楊淑朱校閱主編
理想的教學點子 II—以幼兒興趣為中心作計畫	M. Graves 著・楊淑朱校閱主編
理想的教學點子 III—一百個小組活動經驗	M.Graves 著・蔡慶賢譯
動作教學—幼兒重要的動作經驗	P. S. Weikart 著・林翠湄譯
鼓勵幼兒學習	N. A. Brickman 等編著・蘇洺萱譯

High/Scope 高瞻課程系列錄影帶全套

國立嘉義大學幼教系楊淑朱教授策畫翻譯

第一卷:日常作息
第二卷:計劃—工作—回想
第三卷:規劃學習環境

四、高職系列

幼兒教保概論(I)	國立編譯館審定・孫秋香、邱淑雅、莊享靜著
幼兒教保概論(II)	國立編譯館審定・孫秋香、邱淑雅、莊享靜著

永然法律事務所聲明啟事

本法律事務所受心理出版社之委任爲常年法律顧問，就其所出版之系列著作物，代表聲明均係受合法權益之保障，他人若未經該出版社之同意，逕以不法行爲侵害著作權者，本所當依法追究，俾維護其權益，特此聲明。

永然法律事務所

李永然律師

數學教育 22

口語應用問題教材—第二階段

作　　者：盧台華
執行編輯：陳文玲
執行主編：張毓如
總 編 輯：吳道愉
發 行 人：邱維城
出 版 者：心理出版社股份有限公司
社　　址：台北市和平東路二段 163 號 4 樓
總　　機：(02) 27069505
傳　　真：(02) 23254014
郵　　撥：19293172
E-mail：psychoco@ms15.hinet.net
網址：http://www.psy.com.tw
駐美代表：Lisa Wu
Tel：973 546-5845　　Fax：973 546-7651
法律顧問：李永然
登 記 證：局版北市業字第 1372 號
電腦排版：辰皓打字印刷有限公司
印 刷 者：玖進印刷有限公司
初版一刷：2001 年 10 月

定價：新台幣 200 元

ISBN 957-702-465-3

國家圖書館出版品預行編目資料

口語應用問題教材：第二階段 / 盧台華著. --
初版. --臺北市：心理, 2001（民 90）
面；　公分. --　（數學教育；22）

ISBN 957-702-465-3（平裝）

1.數學—教學法

310.3　　　　　　90015368

讀者意見回函卡

No. ________　　　　　　　　　　　　　　　　填寫日期：　年　月　日

感謝您購買本公司出版品。為提升我們的服務品質，請惠填以下資料寄回本社【或傳真(02)2325-4014】提供我們出書、修訂及辦活動之參考。您將不定期收到本公司最新出版及活動訊息。謝謝您！

姓名:______________________　性別：1□男 2□女

職業:1□教師 2□學生 3□上班族 4□家庭主婦 5□自由業 6□其他______

學歷:1□博士 2□碩士 3□大學 4□專科 5□高中 6□國中 7□國中以下

服務單位:____________________　部門:_____________職稱:___________

服務地址:_____________________________電話:_________傳真: _________

住家地址:_____________________________電話:_________傳真:_________

電子郵件地址：____

書名：____

一、您認為本書的優點：（可複選）

❶□內容 ❷□文筆 ❸□校對❹□編排❺□封面 ❻□其他________

二、您認為本書需再加強的地方：（可複選）

❶□內容 ❷□文筆 ❸□校對❹□編排 ❺□封面 ❻□其他_______

三、您購買本書的消息來源：（請單選）

❶□本公司 ❷□逛書局⇨_______書局 ❸□老師或親友介紹

❹□書展⇨____書展 ❺□心理心雜誌 ❻□書評 ❼□其他________

四、您希望我們舉辦何種活動：（可複選）

❶□作者演講❷□研習會❸□研討會❹□書展❺□其他___________

五、您購買本書的原因：（可複選）

❶□對主題感興趣 ❷□上課教材⇨課程名稱____________________

❸□舉辦活動 ❹□其他__________________　　　　（請翻頁繼續）

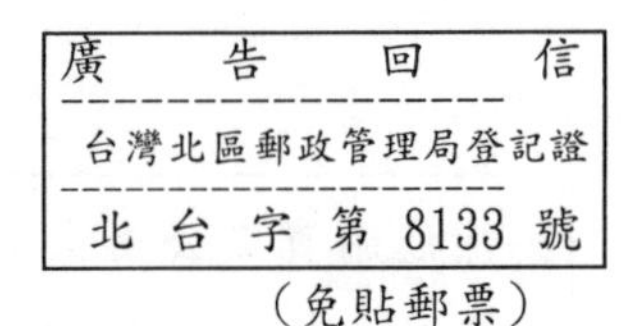

（免貼郵票）

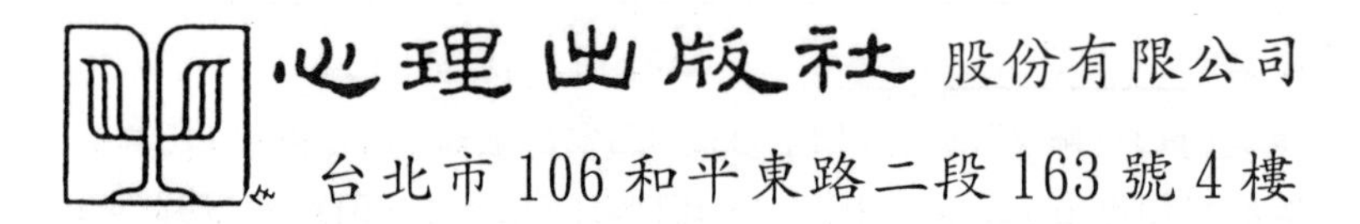

TEL:(02)2706-9505
FAX:(02)2325-4014
EMAIL:psychoco@ms15.hinet.net

沿線對折訂好後寄回

六、您希望我們多出版何種類型的書籍

❶□心理❷□輔導❸□教育❹□社工❺□測驗❻□其他

七、如果您是老師，是否有撰寫教科書的計劃：□有□無

書名/課程：______

八、您教授/修習的課程：

上學期：______

下學期：______

進修班：______

暑　假：______

寒　假：______

學分班：______

九、您的其他意見

______

謝謝您的指教！

42022